わたしたちはへこたれない

書店不屈宣言

作者 田口久美子／譯者 顏雪雪

目次

推薦序

無人知曉的書店血汗

淡水有河book店主　詹正德686

本世紀以來，全世界的出版業大都面臨嚴峻的挑戰及營業額的衰退危機，主要是來自網際網路所帶來的商業習慣改變以及社會變遷的威脅；一個共通的現象就是實體書店的經營愈來愈困難，與上個世紀末相比，不論大小、連鎖或獨立書店，整體數量減少已是不變的趨勢，還在開業的也多是苦苦撐持，其中仍有不少經營者懷抱著理想與希望，但是對未來抱持樂觀的恐怕少之又少。

在台灣，近十年來崩跌情況更甚，書業內外奔走疾呼者眾，引發社會不小關注，但也有許多頗具特色的獨立書店相繼成立，因之書市中也出現不少關於書店的書，一部分是介紹書店的，從空間內外設計到店主的經營理念及書店的文化價值，也有一部分觸及整個出版產業的體驗與觀察，甚至記錄書業歷史的書；《書店不屈宣言》即是屬於後者。

這本書是日本大型連鎖書店淳久堂池袋本店副店長田口久美子的最新著作，她是一位相當資深的書店店員，自一九七三年入行至今已四十多年，特別是在有「日本第一家個性化書店」稱號的LIBRO書店工作了二十年（田口女士著有《書店魂》一書專述LIBRO的種種情事，台灣有出繁中版，惜已絕版），及至LIBRO結束後又任職於淳久堂至今也超過二十年，從獨立書店到連鎖書店，她的書業經驗異常豐富，也見證了日本書業的歷史。

光從目錄看來，原本以為這是田口女士透過訪談從前的書店同事，回顧書業時光、總結自身書店經驗的一本追憶之書（仍有專章述及她如何參與打造LIBRO廿年的書店傳奇），但一看內文後發現不對，本書內容雖包含這些部分但卻不止於此！特別是述及美國網路書商巨擘亞馬遜於二〇〇〇年「登陸」日本（田口女士多次以「黑船來航」喻之）之後，日本出版業逐步走向崩跌隳壞的情節，愈看愈覺得感同身受，甚至同感血脈賁張，因為她所提到的日本書業情狀，有許多部分與台灣的現況非常類似：由於網路書店具有便利與便宜這兩項商業優勢，愈來愈多消費者捨棄實體書店，轉向網路書店（先撇開日美不同國籍的因素），而網路書店為了擴大優勢，不斷與出版社要求直往、降低進貨折扣，更捨棄與經銷商往來，實體書店結束得愈多，經銷商的生意就縮減得愈快，運費還不見得能省（店與店之間的距離拉長，運送路線常常得重新規劃）；網路書店被養大之後，原本的書業體系內各部門的協調運作與聯繫都受到了一定程度的破壞，讀者在書店看到書直接用手機在網路上購買已經不是什麼新鮮事……。

（「更恐怖的是，總有一天亞馬遜會通知出版社，所有的書籍都不透過經銷商了」，田口女士憂心忡忡地這麼說。）

同樣都是面對數位時代的網路衝擊，日本書業雖自一九五三年以來即受到所謂「再販制」的穩定保護（即「圖書統一定價制度」，文化部於二〇一八年初定其名為「新書售價規範」，但至今仍未訂出草案），仍不免遭受亞馬遜的侵奪（以免運、點數回饋等方式變相降價）而大受影響；反觀我們台灣自己的書業則是變本加厲，一味地以折扣優惠的方式吸引讀者，不但讓讀者養成上網撿便宜的消費心態及習慣，更造成書業內部從業人員必須低薪過勞的「血汗付出」（只在意折扣的消費者們自是無人知曉這些過程了），對整體產業沒有一點好處，當消費者胃口被養大之後，折扣再無任何吸引力，彼時又將如何？單看書中描述日本的書業崩壞情形，如果覺得非常嚴重，那麼台灣書業的崩壞可能已達無可救藥的地步！

我想起二〇〇六年自己開了一間獨立書店之後，台灣書業差不多也是處在一個持續下滑崩落的時代，並且直到今日無有已時，儘管「獨立書店」在之後的這些年愈發受到重視，願意支持我們的讀者也愈來愈多，但整體的營業額佔比相對於網路書店及連鎖書店仍然是九牛一毛，不值一哂；業者為了搶佔市場，以網路的便利及價格優勢，誘引讀者棄絕實體，這也等同於棄絕了實體書店長久以來所建立的文化價值，而這是此消費過程中最無可計量的損失，即使書業中人多年來不停溝通呼籲，如今在意實體書店「存在價值」的讀者仍然是極稀有的少數。

書末田口女士也發出一些語重心長的呼籲並提出因應方案，期望日本書業從出版社、經銷商到書店甚至讀者、作者都能夠聯合起來，重新思考出版產業的本質及終極價值，對數位時代認真做出回應，難怪書名要叫做《書店不屈宣言》。

而其實我們台灣這些獨立書店的老闆們已經走在田口女士所希冀的這條自救之路上了（只是具體做法不同），二〇一四年底由五十家獨立書店聯合成立的「台灣友善書業供給合作社」，就是一個重要的里程碑，一路走來四年多，目前已有將近一百六十家獨立書店加入，且還在繼續增加中，當時我們喊出了一句話叫：「自己的書店自己救」，那就是我們這些獨立書店的「書店不屈宣言」！當然只有這樣還是遠遠不足，但既然開始就不會停止。

在書業崩壞的年代，很高興看到日本有資深書店從業者能夠對自己業內提出這樣深刻的意見及看法，也期許台灣書業內外的有心人一起來思考，怎樣可以讓我們自己的出版產業及實體書店重新活絡起來，共同創出另一番新局！

台灣獨立書店不屈宣言

一日一日，為書服務，為閱讀熱情。——一本書店

當需要閱讀的時候　總會想到書店　期望大家常保喜愛書店的赤子之心
愛書人在　書店不滅——三餘書店

我沒有想過，像天井這樣的書店是要創造或改變什麼意義。
「因為我需要，所以它存在」若這樣任性而為的書店，還有別人需要，那大概就是明日還會開門的原因了。——天井逅書

願在每個城市，都有一方角落，留給紙本書。

都有一塊位置，讓我手捧書香。——毛怪和朋友們童書工作室

庸庸碌碌推著書車時想，也許哪天可以宏觀微觀俱足呢。低頭看書車輾過腳趾頭的那一點，抬頭看見的是尚未死亡的星星——書業仍是一個活躍的星系——不會自爆的對吧。——水木書苑

書店裡的所有呈現　是店員意志的延伸　在日常已脫離不了科技介入的今日　若忘記了人的溫暖　請到書店走走——或者書店

「一個句號死去　就有一個問號繼續　困惑思考。你應該還有很多話，想藉文字訴說」by 楚影——林檎二手書室

替未來留住現在　為現在創造未來……——虎尾厝・Salon

我們無法抵抗時代的洪流，但可以決定面對它的態度。在紙本書完全消逝前，實體書店會頑強地佇立在城市的某處！——勇氣書房

實體書店真的能不屈嗎？我其實是存疑的，然而我們還是會盡最大的努力，在小書店還在的時候，努力讓它發光發熱，直到它真的必須下台一鞠躬為止。——南崁小書店

閱讀田口久美子《書店不屈宣言》心得與聯署

一輩子以書店工作為業、為樂　一輩子為書店瘋狂、熱情、憂愁　一輩子用書店作職業、作學習的基地　直到退休，甚至退而不休　與書店一輩子，下輩子仍在一起——洪雅書房

為最後一位買書人，努力開書店賣書！——食冊 café 書店

《書店不屈宣言》的出版，讓我們看到了日本書店業者力抗書市不景、努力調整行銷策略的不屈精神，很值得國內業者引為借鏡；譯者一流的譯筆，讓本書極具可讀性。——唐山書局

書店能選好書，絕對是整個書業一起努力的，貓店長會負責把書賣光，還能體驗以書換宿、小農取貨、共煮共食書店。——晃晃書店

我相信閱讀可以改變世界　街角書店是點亮你生命的光——荒野夢二書店

不論在任何時代，一間獨立書店的存在本身便具有一定意義，它必須也必定具有「勇氣」，既勇於對抗權威，也勇於冷眼覷世，更勇於承受寂寞，以及一切

打擊！——淡水有河book

書店自身，就是一滴水。獨立書店相較於連鎖書店是如此的弱小，所展現的意志力卻是那般強大。無論如河，滴水穿石，靜謐的力量如同那流動之河。——無論如河獨立書店

愛．熱情．希望與夢想，是你需要相信的四件事，沒有其它了，這是我的書店不屈宣言。——新手書店

當我們把閱讀的風景就放進日常裡，某日一個需要靜謐時刻的某人在這樣的日常風景裡，也許即會再度啟開閱讀的大門。——瑯嬛書屋

書店，是以「書」為靠山的文化基地，與「書」這種承載了情感、經驗、知

識、智慧的「形式」接軌，與過往千百年曾經看書的人攀上關係，與焉成為諸多想像賴以生根的土壤，要讓世界更美好，因之可能。——燦爛時光東南亞主題書店

廣大宇宙中最不被人所記起的一個行星，會有特別為了尋找只有在這裡才能見到的風景與遠古知識到訪的人，我希望成為宇宙裡的那一束光。——薄霧書店

我們相信 一座城市的美好 是讓有夢想的人們都能幸福的生活
至於書店 是用文化推動地方前進的友善方案——Stay旅人書店

前言

二〇一二年九月，我65歲了，年金也可以全額拿到，所以向公司申請，希望能從正職變成計時人員。雖然有點奇怪，明明不是正職員工實際上的職位卻是副店長，但我和其他人都以名譽職來理解。我再做也做不了幾年，尤其有92歲的老母親要照顧，所以我只能上早班，再加上考慮到其他員工得忍受營業到晚上11點的嚴苛勞動環境，於是我建議公司少給我一點薪水，卻被訓誡說「妳是要率領大家的，說這種話不一定對晚輩好」。公司讓我暢所欲言，並且縮短我的工時，我則一邊領差不多的薪水，一邊繼續和年輕人們一起「在書店工作」。

我生來就是勞碌命，從很久以前開始，就一直想利用這段有點長的私人時間來「寫書」，我的腦中總是有一堆關於書店業界的「過去與未來」。我相信應該很少人有做第一線書店店員超過四十年的經驗，還是從小書店，一路做到中、大型各種規模的書店，所以我認為我必須記錄「劇烈變動中的書店市場」樣貌，雖然沒有任何人拜託我，但我還是想唱「獨角戲」。

只是，每當我想下筆時，書店的日常卻顯得過於平淡無奇，每天的工作幾乎都是相同的，整理書籍雜誌、將書上架、確認新書、下訂單補書、退書、服務客人（我不用站收銀台，但也是要接電話或回應店裡客人的疑問）、確認有無庫存等等，光這些就花去大半天。其餘的時間則用來思考活動、變更陳設、和同事們稍微討論一下對新書的感想或這兩天的銷售情況，以及和出版社的業務聊天，過著一成不變的生活。每天都是平穩地度過，幾乎沒有什麼戲劇性的事情發生。（**文庫版增補**　最近在零散時間中多了一項工作：發推特。書店也來到了網路宣傳的時代，與其說我不想做，不如說不能不做。）

不過，現在的書店和一九七三年我剛踏入業界時是一樣的嗎？和我剛從東京車站附近的小型連鎖書店跳槽到大型書店LIBRO（當時我進的是西武百貨池袋店書籍部）的一九七六年是一樣的嗎？當我這樣自問，答案就呼之欲出了。雖然採購到上架、服務客人到販售，這些賣東西的基本流程，以及製造業（出版社）→批發業（經銷商）→零售業（書店），這種流通的基本架構幾乎沒有改變，但確實能感受到細節發生很大的變化。

回顧歷史的話會發現從七〇年代後半開始，日本書店成長的規模變得十分顯著。不只是既有的紀伊國屋、三省堂、丸善，新開的八重洲Book Center、LIBRO等書店規模變得更大，連鎖店的開設速度也增加了。一九七六年以神戶為據點的淳久堂書店則是最晚發跡的。淳久堂以一九九五年阪神大地震的隔年開設難波店為起點，每年都會開設一間大規模書店，這恐怕是最後一間從個人經營成長到全國連鎖大型書店的企業了。在最近幾年間，不曾再聽說有什麼新崛起的大型書店，也不見從別的業界加入書店行列的例子。亞馬遜於二〇〇〇年登陸日本，之後「實體書店」開始出現頹勢，和出版業整體的衰退幾乎是同一條軌跡。

如果這是「過去」，那麼「未來」又是如何呢？

「真好啊，田口前輩可以平安地退休。到了我們的時候，書店還在嗎？我們還會有工作的地方嗎？」

雖然他們沒有真的說出口，但我仍聽到了年輕員工們的心聲。不，這同時也是「我的心聲」。每位書店店員都對未來懷抱著不安，就算「書店」存活了下來，還會是「現在的樣子」嗎？

以電子書為例，讀者可以直接透過自己使用的電子產品下載書籍，那我們書店店員會失去「販賣的商品」嗎？

前陣子我看到一篇報導，「美國《新聞週刊》將在今年底前全面數位化，結束擁有八十年歷史的紙本週刊。」雖然日本的《新聞週刊》似乎暫時還會發行紙本，但我讀到這篇報導時仍不免情緒激動。在美國，報紙不斷地全面數位化，甚至連知名週刊雜誌也無法倖免——聽說在美國亞馬遜平台所提供的書籍產品中，電子書已經超越紙本書了。我站在這股世界潮流中，感到無盡徬徨。

如今，我任職的淳久堂書店，也在不知不覺間被大日本印刷這間大企業收購，和老牌書店丸善綁在一塊，公司名稱變成MARUZEN & JUNKUDO。母公司大日本印刷創立了honto網路商城，同時販售電子書。「如果電子書是未來趨勢，就必須搶得先機，放置不管的話，日本的出版市場將會被亞馬遜的Kindle席捲。寫的是日語，但閱讀裝置卻是美國製造，變成這樣也沒關係嗎？Google也一定會來分一杯羹，我們動作太慢的話行嗎？」當我被這麼問時，只能垂頭喪氣地想著：不，那是——

但是——我也會如此自言自語，書本就是因為有書的形式才叫作書本，書本本來就是由紙張和墨水組成的。書本是從作者開始，經各種業別的人之手，最後才遞到讀者手中，我們書店店員就是站在這個流程的最後一站。我們希望書店的功能是，將這些「書本」放到相符的位置，幫讀者找到它，然後親手將書本交給讀者。

我每天都一邊抱持著這樣的想法，一邊持續著「書店工作」。

這本書會從我作為書店店員的日常生活為始，以訪談淳久堂員工為主，讓大家談談他們負責領域的現狀，我再將這些彙整成冊。

我從二〇一二年年底開始執筆，至二〇一四年一月底完成。如此想來，我的二〇一三年可說是巡禮之年（就像村上春樹的書名一樣）。巡禮是為了贖罪，而我想贖罪的源頭（完全沒有宗教的意涵），是由於我進入了書店業，卻無法將書店人生使我充滿活力的這股「熱情」，傳遞給下一個世代，讓我心中盡是悔恨。

但是，我認為我遇到的每一位書店店員都絕對不會放棄，讀者讀了這本書就會明白。雖然我會道出對書店未來的不安，但若把這本書看作是「賣書的故事」來閱讀，實際上還是很愉快的。站在銷售最前線的人們，以及被愉快地賣出去的「東西」，難道真的會像街坊議論的那般簡單就消亡？私底下這點信心我還是有的。

能聽到其他員工愉快的故事，成為持續巡禮的喜悅動力。我希望這份喜悅能永遠持續下去。

文庫版增補　二〇一四年三月我的母親以93歲之齡去世。我養的貓變成了兩隻，即使長時間相處感情依然很差。今年九月我將滿70歲。此外，在文庫本出版之際，我重新改寫了單行本的最後一章，只能說這四年的歲月帶給了出版・書店業許多東西。

書店人生從「雜誌」開始

雜誌賣場的今昔

我的書店人生從「雜誌」開始。也就是一九七三年，大約是四十年前的往事。走過東京車站八重洲口的圓環，在面向丸善的大街上，會看到一棟小小的建築物位於車站隔壁的隔壁，一樓就是書店KIDDY LAND八重洲店。店面約三十坪，一進門的右手邊就是櫃檯，正面是新書區，左側牆面是雜誌、實用書籍、商業書，右側靠牆書櫃則是以小說類為主，正中間的書架兩側是文庫本，以及少量的童書。這間店所販售的商品種類，就是當時商業街小規模書店的典型。如果現在有一間同樣規模、地點的書店，小說等故事類書籍大概會減少一半以上，多出來的空間會被拿來改擺雜誌吧。不，在這之前，能在這裡經營書店本身就是不可能的事情。這時候附近還有些當地的小商店，雖然屈指可數。

書店營業時間從早上10點到晚上8點，包含店長在內，員工共五到六人。三十坪的空間內有五、六位員工，還在房租那樣高的地點，再考量書店的利潤，就會知道經營不易（放到現在來看，可以跟超商做個比較，應該很容易能推敲出來）。而且同樣規模的書店附近有好幾間，超大型（就那時而言）的丸善書店就在前方一百公尺左右。閉上眼會想起從前，客人雖然陸陸續續上門，卻沒有擠滿整間店的回憶。但在我任職的三年裡，沒有接過上級指示因虧損而要調整庫存，所以應該勉強能維持營運。不過當時還是菜鳥的我只看得到眼前的事物，至於經營的事情就——

我換工作（一九七六年）至西武百貨書籍部（後來的LIBRO）後，再過幾年KIDDY LAND八重洲店就關門大吉了。不記得到底過了幾年，但應該是受一九七八年八重洲Book Center開店的影響。那時KIDDY LAND已從書店經營轉向，慢慢涉足利潤更高的「玩具」業（雖然出身是書店）。

七〇年代稍微有財力的書店都目標成為連鎖店，不斷祭出展店攻勢，試圖存活下來。我待的KIDDY LAND也是乘上這股潮流，才開了這間八重洲店，七〇年代到八〇年代中期，能勝出的就是連鎖化經營成功的書店，特別是從八〇年代開始，紀伊國屋和三省堂等大型的連鎖書店以東京為中心，在全國主要都市接連開設大型分店，這使得小書店的經營變得更加艱難，就像KIDDY

LAND八重洲店被八重洲Book Center吞噬一樣。同時，全國主要幹道旁接連出現結合CD等音樂相關產品的書店，也壓縮到舊有書店的生存空間。但是，至一九九六年為止，書店業全體的業績仍是向上成長的，不同規模的書店大致穩定地擁有不同客群。二〇〇〇年末泡沫經濟，亞馬遜這艘黑船登陸日本，書店業全體營收的滑落速度加快，且和書店規模無關。不過我不能太急著講之後發生的事情，現在先回到此時的KIDDY LAND八重洲店，在這間小小的連鎖書店中，我在小小雜誌賣場發生的故事。

我是在開店後不久就被送到這裡的「新人員工」。對於一個剛畢業仍心高氣傲，又是女性的新人，被分配到書店這種體力活，一定很快就會辭職吧，我想當時上級是這般暗自打算的，畢竟這樣的員工很難使喚。但我卻想著，都已經下海了，就要幹勁十足地做！如果我能成為書店的戰力，他們一定就會放棄，覺得算了死心吧。然而，就在花的氣力眼見就要有成效時，我迅速地離職了。

回想起來，在KIDDY LAND時期，我不只是透過雜誌學習書店的基礎架構，也在這裡認識了後來深交多年的朋友們。LIBRO曾打造出所謂的「今泉書區」，帶起八〇年代的新風潮（即使到今天，仍有許多「愛書人」會懷念當時總愛往LIBRO跑的時光），成為業界話題的今泉正光，以及與作家須賀敦子晚年交情深厚的丸山猛，都是我在這裡認識的朋友。

我不會忘記，當知道我敬愛的作家須賀敦子，與友人丸山有深厚的情誼時，我那驚訝的心情。當然也不會忘記，我因為丸山的緣故而見到須賀女士的事情。那是在一九九六年十一月到十二月左右，距離《尤瑟娜的鞋子》（河出書房新社，一九九六年十月）發售後不久的事，我還得到了須賀女士的簽名。根據她的年譜顯示，須賀女士在隔年一月入院接受手術治療。當時須賀女士和我說了非常久的話，從義大利聊到她的亡夫，又聊到書的事情，以及現在的生活狀況。離別時我們明明約好還要再見面的！但一九九八年三月須賀女士就過世了。丸山似乎因為須賀女士的死而一蹶不振，有好長一段時間不和周圍的人往來，過了很多年後，我才聽到他說：「我沒想過自己是這麼脆弱的男人。」

回到雜誌話題。

從坐辦公室的行政職轉為書店的勞力活，我當時認為自己已經非常拚命工作了。但後來再回顧，我才發現那時的勞動比起之後跳槽的LIBRO雜誌區，根本就只是「悠閒的輕鬆活」。不過那時我當然不知道後來發生的事情，只是不斷地在雜誌區團團轉，被前輩說：「雜誌就是求快！要快！」店員必須在開店前的三十分鐘到一小時內，將賣場內堆積如山的箱子用刀片拆封，把補書條塞進書裡，將要退貨的書整理好，再將書上架，一邊換新書一邊確認退貨的數量，還要記得哪些雜誌好賣，最後將賣場放不下的雜誌收進倉庫。冬天會分外辛苦，因為店外也有雜誌和一些用具，週刊雜誌或商業雜誌等暢銷書會集中擺在外頭，在這間店的三年裡，每到冬天我必定感冒。

總之一定要在開店前快速擺好，書店有所謂的「5、10之日」，大牌雜誌的發售日都會集中在1號、5號、10號、20號、25號，多數在月底。到今天我都還覺得不可思議，為什麼同種類、同讀者群的雜誌發售日都是同一天呢？無論是那時尚存的《婦人俱樂部》、《主婦之友》、《主婦與生活》，或是至今都還存在的《群像》、《文學界》、《新潮》等等，應該有一些理由吧。身為上架的人，我對於要如何將雜誌擺進小小書店一隅的雜誌架上感到異常疲憊。還有是否將才發售一、兩天的雜誌從主要架上拿開？特別是到了月底，所有雜誌的發售都混在一起，使我越來越煩躁。

逐漸習慣後，我注意到雜誌銷售量在發售當日，最遲隔天就會分出勝負。這兩天賣不好的雜誌幾乎到最後也賣不出去。再怎麼人潮洶湧的書店，通常一半以上是常客，會買雜誌這種定期刊物的客人都知道發售日，或是早就從廣告得知消息。暢銷雜誌有大半會在這兩天賣完，尤其娛樂性強的雜誌特別明顯，而專業性雜誌的銷售期則較長。後來我到LIBRO再次注意到，越大的書店銷售期也越長。最重要的是，在日本什麼領域的雜誌都有出！最初我真是驚嘆連連，雖然忘了是哪本雜誌，但前幾天我讀了《書的雜誌二〇一三年二月號》中

《月刊下水道》、《月刊錦鯉》和《J-RESCUE》的總編座談會紀錄後，想起了以前驚訝的心情。

如今回想起來，當時我學習的只是「賣雜誌的常識」，不過透過每日工作的積累都能學到新事物，十分愉快。

即使將雜誌上架完，還有許多工作要做。站收銀時，也要記帳，確認賣出的數量、補貨、下追加訂單（但是由於銷售期短暫，也曾發生過補貨後一本都賣不出去就這樣放著的情形，學習這部分的技巧十分困難）、定期改正進貨數量（這部分也總是無法按照預期進行），還要找空檔處理退貨。負責雜誌的人得在營業時站櫃檯，這是我的堡壘，我能在這個堡壘中觀察書籍的銷售狀況。若說到當時賣得最好的作家，男性的話就是司馬遼太郎，女性則有吉佐和子，他們的書銷售量驚人，「國民作家」的封號並非言過其實。

每當回顧這個時代，我總會和年輕晚輩說：「他們賣得就和村上春樹一樣好。」但我也總是想著村上不是「國民作家」啊。要說有什麼不同的話，村上是「世界作家」（當然並不是說村上比這兩位作家還要偉大），請盡快拿到諾貝爾獎吧。

一天不知不覺間就到黃昏，雖然工作到精疲力竭，但每天真的都很快樂。雜誌是「讓我們看到各種生活必需事物的入口」，無論是社會、經濟、文學、電影、音樂等素養（素養，這個詞從什麼時候開始不再被使用了呢？），還是料理、生活風格等等，這種快樂應該是源自於將承載著當時日本模樣的「紙」，交到顧客手上。不，應該是更為單純的快樂，因為只要認真工作，業績就會提升。那個時期讓我的心境充滿喜悅。

到一九九六年為止，日本出版業不斷成長。雖然我確實是很認真工作，但無論是勤勉工作還是稍微偷懶，無論是大書店還是小書店，無論是誰無論在什麼地點，那是個業績都會成長的時代。特別是比起書籍，雜誌的成長幅度更大。那個時代和現在不同，現在無論你多拚命、精準地控管庫存，或是舉辦活動，成果仍然不太會反映在銷量上。

那時的雜誌創刊號也不斷增加，一九七〇年《an.an》，七一年《non-no》，七二年《PIA》、《現代思想》，七三年《寶島》，七四年《PLAYBOY》，七五年《JJ》，七六年《POPEYE》、七七年《CROISSANT》、《MORE》、《rockin'on》等等。對我來說比較衝擊的是立花隆刊載於《文藝春秋一九七四年十一月號》的文章〈田中角榮研究〉，讓我實際感受到社會的變動。

我跳槽到LIBRO是在一九七六年，若從目錄來算雜誌發行數量的話，約有二千五百種（實際上是二千八百一十四種）。如今還有幾種雜誌呢？我詢問了負責淳久堂雜誌部門的小高，她回答我：「大概是三千種。」接著說：「最多曾經有到四千五百種。」順帶一提，到七〇年代末期為止，雜誌與書籍的銷售額都是不相上下，但到了八〇年代，雜誌超過了書籍，九〇年代的雜誌銷售額大概是書籍的1．5倍，進入二〇〇〇年後，雖然兩者同樣不斷走滑，但雜誌仍是持續領先。根據研究指出，一九八九年出版刊物的銷售量超過二兆日圓，甚至逼近二兆七千億，而景氣低迷的二〇一〇、一二年則是一兆七千三百九十八億日圓（與一九八五年幾乎一樣），其中雜誌就佔了九千三百八十五億日圓，書籍則是八千零一十三億日圓（出版科學研究所）。和去年亞馬遜公司的總銷售額七千三百億（其中出版物大概佔20％？）比較來看，情況真的是非常悲哀（二〇一三年一兆六千八百二十三億日圓，比前年度少了3・3％，其中書籍佔七千八百五十一億，少2％，雜誌佔八千九百四十二億，少了4・4％）。

雜誌賣得好，讓它的庫存負擔比書籍輕（週刊誌的流動率是優等生），容易為書店帶來常客。雜誌每刷的冊數也比書籍多，對小書店來說能比較順利地拿到配額，所以在小型書店中，雜誌的比重越來越高。KIDDY LAND八重洲店如果從一開始能提升雜誌的佔比，應該就不會那麼短命才對。

如今，雜誌的銷售量不斷下滑，小書店的經營會變得如何呢？現在的小型書店中，雜誌銷售額通常佔全店一半以上。

文庫版增補　二〇一六年出版刊物的銷售額為一兆四千七百零九億日圓，其中雜誌佔七千二百億，書籍佔七千三百億，書籍贏過長年位居榜首的雜誌。這件事情我會在〈顧客至上？〉中提及，順帶一提，綜合企業亞馬遜的總銷售額約為一兆二千億日圓。

在詢問淳久堂池袋店的雜誌區負責人雜誌現狀前，我先整理了早期的雜誌狀況，一不小心寫這麼長一段，請各位讀者原諒我，讓我們繼續下去吧。

小高聰美是在二〇〇五年進入淳久堂池袋店。她原本希望成為鋼琴家，從金澤來到東京，進入大學就讀後卻遇到挫折。後來她轉而想做和雜誌有關的工作，因為從中學時代開始雜誌就一直伴她左右，所以她成為了書店店員。

「妳那時都看什麼雜誌啊？」

「《Zipper》、《CUTiE》、《rockin'on》等等，都重複看了不知多少遍。為了入學考試第一次來到東京，我在書店看到了《MEN'S NON-NO》、

《GINZA》，讓我覺得啊啊這就是東京呀。後來成為《STUDIO VOICE》、《流行通信》、《廣告批評》等文化雜誌的粉絲，非常常看這些雜誌。所以當被分到淳久堂雜誌部門時，真的很高興，在心中高喊萬歲。」

這個回答讓我感到新鮮，我一開始當書店店員時對雜誌完全沒興趣，而且很少新進的書店店員能被分配到喜歡的領域。許多希望成為書店店員的人都說自己喜歡小說，甚至有人沒想過有小說以外的書籍，也有人喜歡音樂、電影等領域，或是人文、思想類別。大多來應徵的人原本是想成為編輯，特別是藝文[1]類的編輯，卻因為落選（？）才轉而變成書店店員。但是，若一開始就將「喜愛小說的新人」分配到藝文書區又有點危險，因為他們很可能會排出十分冷門的書區。雖說將書店工作的基礎熟記後，進而佈置「冷門書區」，創造出

1 編註：藝文（文芸）指以語言來呈現的藝術表現。狹義來說包含詩歌、小說、戲曲等文學作品。

書店特色，這種賭注也是有可能成功的，但那位「人文書籍的今泉正光」也是先從參考書區開始做起的。

在淳久堂，幾乎沒有人會從一開始被分配到的部門調走，管理階層相信這種方法是培養出各領域專門銷售員的捷徑。而且因為這幾年間的展店風潮，培養每個領域的核心成員越來越有其必要性，特別像是池袋這種大型書店，誇張一點來說，最初被分配的部門很有可能就是員工「最後的棲身之處」。

小高的狀況是，剛好雜誌部門有空缺，又很罕見竟然有人為了雜誌想入行！所以很順利就應徵上了。

「但雜誌是書店工作中最辛苦的吧？一本就非常重，還是成捆的進來。」

「沒錯，特別是月底光盤點（將入庫的商品夾上補書條）就讓人筋疲力盡。儘管和我剛進來的時候相比工作夥伴增加了，（聲音稍微低落）但銷售額卻大幅減少。」

據小高所說，雜誌的進貨量和七年前她剛來時相比，減少了快一半。以前到了月底，每天會有快三百捆入庫，現在只有一百五十到二百捆。月刊《文藝春秋》剩下約八十本，明明過去隨便都超過一百本。不過發表芥川獎的那期會進三百本，特別是當蔚為話題的作家出現時，雜誌就會突然大賣。

「那為何人手卻增加了呢？」

「因為補貨的流程要更小心謹慎，也須放心力在過期雜誌的銷售上，努力辦展售會。還有雜誌以外的工作，像是要支援一樓櫃檯的業務。」

聽起來小高想強調的是，因為擴大了工作範圍努力替公司賺錢，所以業績並沒有太難看（也就是沒有跌至五成，實際數字也的確沒有下降）。進貨量減少的最大原因，是因為雜誌發行的數量本身就在減少。最常被舉出來的例子就是《週刊少年ＪＵＭＰ》，《ＪＵＭＰ》的鼎盛期是一九九五年，共發行六百五十三萬本，但二〇一一年僅發行二百七十八萬本，數量不到一半（二〇一六年底則是二百萬本）。而且除了漫畫雜誌外，如今沒有一本雜誌發行量超過一百萬本，二〇一二年賣最好的《週刊文春》也只賣了七十一萬五千本（二〇一六年為六十五萬九千本）。

經銷商（書店的配量不是由出版社而是經銷商決定）面對本來就存在的嚴峻退貨率問題，變得更加神經質。能分配到書的書店也越來越少，特別是小型書店。整個出版界都在不斷萎縮。

前陣子有些女性雜誌會附贈名牌皮夾或皮包，但那些雜誌如今也在減少，儘管女性雜誌有段時間看起來前途一片光明。

「那叫BRAND MOOK，每間書店都會展示雜誌附錄的贈品，利用『這次買雜誌送這個！』的方式來行銷。寶島社以《Sweet》為開端，講談社有《With》，小學館有《美的》等等。老牌雜誌出版社都在拚命追上這股潮流。女性不會特別侷限在喜歡的品牌，所以即使是不穿聖羅蘭洋裝的人，看到雜誌贈品有送的話也會去買，因此引領風潮。但是這股風潮沒有擴散到男性雜誌上，男性比較重視雜誌的內容。我們家男性客人比女性多，沒有搭上這股風潮；隔壁的LIBRO則因主要客群為女性，會針對雜誌的附錄做展示。」

「那這股潮流漸漸消失的原因是？」

「大概是因為客人們都膩了吧，太多袋子類的東西堆在家裡了。」

儘管如此，雜誌與生俱來的「實物感」，就是人們無法透過網路獲得的東西。所以不是「名牌」也沒關係，雜誌只要能具備象徵日本文化的媚俗感就好，像是兒童雜誌也都因此賣得很好。

「但是學年誌類的雜誌已經只剩下《小學一年生》和《二年生》而已了。」

我也注意到男性雜誌與女性雜誌的區分越來越不明顯。

「沒錯，像是男性也會買《生活手帖》、女性會買《MEN'S NON-NO》一樣，只要讀者喜歡那集的專題就會購買。」

小高說了好幾次，雜誌就是專題。就連四十年前的我，也一定會確認著報紙或電車上的雜誌廣告，邊想著「好，如果這集的專題是這個，那就來追加訂單」，所以雜誌的專題真的會產生莫大的效果吧。

「我最喜歡的《BRUTUS》和《Pen》幾乎整本都是專題的文化雜誌。其他還有《COURRiER Japon》和《TRANSIT》，這類雜誌的主客群是好奇心旺盛的年輕男性，專題的內容左右著銷售量（所以核心讀者群的比例比別的雜誌少？），正因為如此才會特別要求高品質的內容，他們這種認真做雜誌的態度非常棒。我認為在《POPEYE》年代（一九七六年創刊）長大的人才做得出這種雜誌。」

《POPEYE》，我還記得它在創刊時引起極大轟動，「美式生活」湧進日本，像City Boy等詞彙就是從這本雜誌誕生的？雖然我們全共鬥世代知道什麼是美式，還是很多男性受到衝擊，而且《POPEYE》延續到今日──被《POPEYE》餵養的年輕人如今成為做雜誌的核心成員！雜誌文化竟然是這樣延續下來的嗎？

「是的，所謂的雜誌，要能看得到總編的態度。商業雜誌是由廣告主導，所以看不到雜誌的真實情況不是嗎？我認為『好的雜誌』是要能看見製作這本雜誌的人的態度。」

「但是我想現在的雜誌幾乎都不是這樣了吧？」

「對呀，不過若沒有那些知名的商業雜誌，雜誌產業就無法存活。但最近（從二〇〇七年左右開始）獨立出版的雜誌增加了。」這是什麼呢？

「就是以個人或幾個人的規模出版，不走商業路線（出版社、經銷商、書店）出版的雜誌（直接送到書店）。最有名的大概是大橋步的《Arne》，雖然已經停刊了，這本在我們家賣了二百本左右。還有像是服部美玲的《murmur magazine》，多的時候可以賣到三百本。」

「那不就是說比《文藝春秋》賣得還要好嗎？」

「沒錯，全靠口耳相傳『這家書店有賣喔』，就會有客人特意為了買這本雜誌上門。」

「哦，但現在是部落格的時代，即使不花錢做雜誌，靠著寫部落格，不是也會有很多讀者嗎？」

「不是這樣的，紙本雜誌還是比較好，這樣才能將東西送到願意花錢的人手上。而且做雜誌這件事情不是越來越簡單了嗎？只要會電腦都做得出來，所以我認為這種風潮會持續下去。」原來如此，「紙本」還是比較好啊。

「獨立出版會有專職的編輯嗎？經營得下去嗎？」

「大概沒有吧。雖然也有的獨立雜誌沒有虧損，但多半是利用工作之餘出刊的。」

如同小高所說，這些獨立出版的刊物是雜誌的原點，也是雜誌存續下去的可能方式之一。現在的暢銷雜誌上總刊載一些「偉大的言論」，許多人被這種言論餵養長大，或許獨立雜誌存在於主流市場中對日本來說是必要的。不過獨立出版的使命老早就不是「紙本雜誌」了吧？書籍的狀況也可說是一樣的。

無數份雜誌都已經停刊了，勉強撐下來的也喪失了許多作為主要收入的廣告，只能減少發行量。不過，雖然無法阻止這股大趨勢，但至少身處第一線書店的小高思考著如何讓雜誌「續命的方法」。

「因為我們是站在『賣書』的立場，所以只能想著即使多賣出去一本也好，盡量地支持雜誌。針對雜誌的宣傳方法，我們能做到的就是多採購各種雜誌，努力將過期雜誌賣出去。如果能將一份雜誌擺滿在牆面上，就能吸引客人的目光，我相信這會是一個切入點，讓客人發現這裡有『有趣的雜誌』。」

淳久堂池袋店一樓的雜誌區，有一整面挖空的牆壁用來作為雜誌展示區。不只是雜誌，美術展覽的圖錄有時也會在這裡展示。

「現在的出版社會丟掉過期的雜誌，因為維護也要花錢，而且許多雜誌都有廣告收入，講得極端一點，即便賣不好也會有盈餘。」

「但是賣不好的話，廣告就不會刊了啊？所以現在就是廣告和銷售量互相打平？」

「沒錯，其實就是一個惡性循環。我的立場不能多說什麼，撇開這些不談，有了廣告收入就能降低雜誌的定價，但要為了這些特別便宜的雜誌花管理費嗎？會有過期雜誌，追根究底就是因為賣不完，將錢花在這些賣不出去的東西上很浪費，還會有稅金的問題，因為這些過期雜誌也會被算在資產中，所以除了專門雜誌以外，這些過期雜誌最多就只會放個兩年。」

「那麼退回去的雜誌幾乎都會被銷毀吧。」

「沒錯，在經銷商那裡就會被銷毀了。所以我會選幾種雜誌留一點下來，像是《藝術新潮》、《BRUTUS》、《COURRiER Japon》等，這些雜誌我不會全部都退回去，平常就陳列在架上。此外，像是剛才也說過的，我們會在每個月舉辦大型的過期雜誌展售會，向大眾展示雜誌的好。」

換言之，就是把雜誌當作書籍一樣來販售。

「因為池袋是大型書店，所以做得到這種事，無論是實用書、藝術書還是理工書區，幾乎整個賣場都放有大量的過期雜誌。」

「是的，我認為這就是我們的任務。」

「那麼，剛剛提到的，所謂雜誌的好是什麼呢？」

「這個嘛，我認為雜誌是『整理並提供新資訊的媒介』。在以前，媒體傳播速度的順序是，廣播、電視、報紙。到了近代，『整理好的資訊』就是雜誌。但是如今有網路、推特、SNS不斷推陳出新，資訊的價值首先取決於速度。我認為人類的感覺與感性是無法跟上這種速度的，原本人類的速度就很緩慢，可能也正因為如此，在資訊爆炸的時代裡人們也遺忘得很快。如此一來，雜誌變得不再是單純『整理好的資訊』了，而是『信手捻來的資訊看起來充滿沒用的內容，但以後又似乎用得到。雜誌就是花工夫將真實的資訊記錄下來之物』，雖然不是全部，不過至少有良心的雜誌會朝這個方向前進。」

「這種良心的表現，就是所謂看得到總編態度的雜誌？」

「沒錯，我是這麼想的。」

小高說的我很能理解，書籍也是一樣的。但是這樣做足以力挽資訊講求「直接、效率、速度、賤賣」的社會潮流嗎？然而，不只小高，連（幾乎不讀雜誌的）我都還不想放棄，想讓每本從製作到販售都用了心的「雜誌」延續下去。

日本的雜誌發行幾乎涉足各行各業，這在世界上是無與倫比的。像是文學、流行，以及各種音樂、運動、社會、經濟、法律、電腦、機械、工學，甚至還有讓我吃驚的錦鯉等等。如果說現在發行的雜誌種類有三千種，那其中至少有五百種無聊（大概是）的領域都有發行雜誌，我相信正是這種豐富的多樣性支撐了日本的外貌。雜誌是只要付錢就可以獲得資訊，換言之，你付多少錢就能從這個媒介中得到多少資訊。

流行雜誌因為能和讀者的購買行為連結在一起，下廣告很容易；而文化雜誌因為堅持專題主義，所以很難有固定的廣告主。獨立雜誌的行銷方式，則是對準了喜歡樸素及慢活的讀者群。不同雜誌會按照自己產品的個性形塑自己，也有各自的流通方式。

身為書店店員的我任性地期待各位讀者，當想買喜歡的雜誌時，請務必去最近的書店購買，而不是在網路上點兩下。請走出家門，去到那雜誌營收佔了一半以上的小小書店。

文庫版增補　如今雜誌已經進入了數位雜誌的時代。生活中最常看到的例子像是「一個月繳多少，就能看○雜誌看到飽」。比起買一本本的紙本雜誌來讀，這樣做真的划算非常多，所以似乎很受上班族歡迎，這也成為紙本雜誌銷售量大幅滑落的一大原因。諷刺的是，利用這種方法看雜誌的人中，有許多都從事出版相關事業，紙本雜誌消逝的原因我們也有一份責任。

關於數位雜誌的事情，我會和書本的現象一起放在後面討論。

再補記　小高聰美的預產期為今年十一月，因此現在正在休假中。

我會在這個業界活下去

漫畫、輕小說的陳設

負責漫畫區的田中香織在我的上一本著作《書店繁盛記》（楊樹社，二〇〇六年）中也被採訪過。我的職涯從小書店起步，跳槽到賣人文書的大型書店LIBRO，之後又到更大、賣各種專業書籍的淳久堂，但我卻對走在世界潮流的次文化，也就是漫畫完全不了解。我還記得曾被田中揶揄道：「這是因為妳瞧不起漫畫吧？」我只能不知所措地完成採訪。而且剛好在田中進公司（二〇〇一年）的那年起，淳久堂漫畫區的「輕小說」開始不斷成長，成為撐起藝文領域的新人類（田中的聲音在耳邊響起：妳看，妳又這樣說），讓我感到自己是真的老了。

「但是田口前輩，那時候的我也是一直堅持主見呢。」

田中邊笑邊這麼說。

「我在那之後也遇到很多事情，田口前輩那時說，『田中是用想贏的氣勢在做事，但我們世代則是用不要輸的想法在做事』，現在的我越來越有深刻的體悟。」她繼續說道。

田中出生時的日本社會正逢經濟起飛，業績成長是理所當然的事情。那時的我們只希望不要讓業績下滑（也就是不要輸），並做出由自己詮釋的書區，而且那書區還不能被評價為自命不凡，換言之，我們想打造一個既不會贏過客人的品味，但也不會輸的書區。最好的例子就是「今泉書區」。我那時想說的應該是這個，不過田中以自己的方式從這段話中學到了一些什麼吧。

「淳久堂的漫畫區不是十分成功嗎？雖然淳久堂想成為一間以專業書籍為主的書店，但漫畫的版圖卻擴張成這樣，這或許也在經營者的預料之外吧。」

「嗯，也不是這樣，如果可以更仔細地管理這一區的話，應該有賣更好的潛力才對。」

也是，因為田中在淳久堂展店時被外調至新分店，所以有一段日子不在池袋店裡。

「這兩年都有新人進來，讓我有點期待。現在我也當到了營業總部的漫畫區負責人，所以出差減少了，能待在店裡的時間變多，最近的業績也變得比較穩定。」

咦，是這樣啊，在這種出版業不景氣的年代裡還能業績穩定。

「沒錯。池袋店營業額最高的時候是二〇〇八年[1]，從那之後每況愈下，不過去年秋天開始稍微有些好轉了，漫畫區和書店全體的業績都有在上升，但是漫畫回復的速度是更快的。」

原來如此。後來我去看了報表，整間店從去年秋天開始，有些月分的營收超過前一年度該月的營收，但仍遠遠不及二〇〇八年為止的榮景，我認為這點所有的書店都是一樣的，但是漫畫成長的氣勢就像是站上了擂台一樣。

「我剛進公司的時候漫畫佔總收益的8％，二〇〇八年是10％，現在一個月，多的話會到13％。」

「天啊，妳真的很用心觀察工作相關的數據。」

「嗯，我總是很在意數字。」

「雖然只是相對而言，但這是不是代表在整體出版業中，漫畫比其他領域的書籍更能抵抗不景氣？漫畫有《航海王》等作品，而且我們家的漫畫區還加入了正在擴大市場的輕小說。」

「或許可以這樣說吧，但那是由於我們費了很大的心思才造就這種成果。能將新分店的工作交給別人真是幫了大忙，我才能全力投入池袋店的工作。」

池袋店是十層樓的建築，雖然每層樓的面積不同，但我粗略將每層樓佔全體收益的百分比以10％為基準。其中佔比最高的是五樓（法律、經濟、社會、商業）為15到16％，最低的是九樓（藝術、外文書）為5％。這樣看來，漫畫區真的是「十分努力」。

「而且，漫畫還有收縮膜的問題，很花人力。」

1 日本的書店營收以一九九六年為分水嶺，但池袋店一九九七年才開幕，所以分水嶺推遲至二〇〇八年。

就是那個塑膠包膜。雖然有一陣子大家會要求書店上收縮，但在不知不覺間已經漸漸聽不到這種要求了。

「妳看，漫畫業界完全是由大型出版社主導，能拿到幾本新書反映了書店的聲量，真的非常辛苦。如果業績沒起色，就很難確保書店能拿到暢銷商品。」

「這麼說來，《航海王》首刷進了多少本？」

「上一次（68集）進了一千三百本，倉庫作業非常繁重，但是第一天賣了三百本，第三天就賣了一半。首刷大概就是進一個月賣得完的數量。」

這樣啊，首刷進一千三百本，和藝文書簡直是天壤之別（從一開始的印量就不同）。這部漫畫先是在《少年JUMP》上連載，每隔三個月集結成單行本出版，然後再出月曆、公式集、動畫版、相關書籍等等，每個項目都很賺錢，甚至還拍成電影，出版社是不會放棄《航海王》的。

「沒錯，但是《航海王》68集並沒有說特別多，現在這時代漫畫集數都有變多的傾向。」

在不景氣中，如此美味的市場，出版社都不會輕易放棄吧？

漫畫的賣法和雜誌很類似，無論是雜誌還是漫畫，最基本的就是集數。大家事先就會知道大概的銷量，也有基本的數據。藝文書的數據就不那麼透明化，會受書評影響，現在推特也有很大影響力。田中針對首刷的進貨量說了有趣的話。

「雖然集數可以事前預測，這是個必須依靠數據的世界——但事實上銷售量卻非常不穩定，這陣子我覺得像是在用公司的錢賭博。」

賭博啊。因為漫畫的銷售量大，而且出版的數量也超乎想像得多（有些漫畫被當作雜誌或書籍，所以無法正確把握漫畫發行的數量，但一年間大概有超過一萬二千種。假設真的是如此的話，除了假日外，一日大概發行四、五十種？）即使進來的商品只有預先下訂的品項，田中的工作還是很辛苦。不過在漫畫市場，新書佔全體銷售額比例遠遠高於其他領域，所以如果放手一搏的話，營收還有可能會成長。

「而且一看到銷售的速度，就必須考慮是不是要追加訂單。」

沒錯，這部分的確很難，時機也是賭博的一環，常發生剩下的庫存數剛好就是當初追加的數量，或是打了電話過去要下訂對方卻已經沒貨了等等。

「但是和其他書店相比，淳久堂非新書的銷售額比例比較高，其他相同規模的漫畫賣場可沒有這樣。」

「是的，雖然新書的銷售量不敵其他大型書店，但是一年過後，營收就會追上甚至超越這些書店，而且不只是漫畫，我們家全部的書都是這樣。正因我們有這樣的規模，許多客人想說我們什麼書都有賣，就會特地來這裡一次把書買齊。新書無論哪家店都有賣，但我們則是重視購買非新書的客人。此外，比起其他領域，漫畫的銷售額之所以沒有減少，是因為讀著漫畫長大的人們最後還是會回來買漫畫，我想特別強調這點。」

「但是那些給大人看的漫畫週刊不是都廢刊了嗎？」

「那是因為變成大人後，只會單獨看想看的漫畫，所以會等到出了單行本之後才買——」

哦，這點和其他紙本雜誌不同呢。

「我想換個話題，請問最近輕小說的狀況如何呢？」

「嗯，輕小說比起以前增加許多，銷售額卻只增加了2到3%左右。不過在大家都走下坡時，即便只是微幅增長也很厲害了吧。」

輕小說作家三上延的《古書堂事件手帖》（MediaWorks文庫，二〇一一年三月發售到第4集，累計銷售四百七十萬本）賣得超好，甚至拍了電視劇，一躍成為百萬暢銷作家。據說第4集的首刷量是八十萬本。雖然這印刷量在暢銷漫畫是家常便飯，但對文庫本來說卻是聞所未聞（至二〇一七年五月發售到第7集，累計銷售六百萬本）。

MediaWorks文庫在池袋店三樓的文庫賣場。

這位以輕小說作家而言十分樸素的作者，曾在舊書店工作過，因此誕生了這本書，清一色的評價都說，主人公栞子的造型是受歡迎的主因。不知為何，感覺現在平平淡淡寫出來的書都會意想不到得暢銷。至今為止出版的文庫本，銷售流程都差不多，以《1Q84》（村上春樹）為例，一開始出的單行本就已經是暢銷作品，其後的文庫本才比照辦理。但輕小說原本就是以文庫本出版，這種爆賣殺得我們措手不及，讓我們體會到輕小說的力量。順帶一提，說到暢銷的文庫本新書，最近大家常提到佐伯泰英的一系列江戶書籍，在他《瞌睡的磐音》系列的書腰上，寫著「系列作累計突破1500萬本」，難道這本是時代小說中的輕小說嗎？這本書的封面也是插圖設計。

MediaWorks文庫是角川書店旗下的輕小說類文庫，鎖定的讀者群比原來的輕小說讀者年紀再大一點。「輕小說的定義」：封面是漫畫、插圖，角色的設定鮮明。若從定義來看，這些真的是輕小說沒錯，但觀察購買的讀者群，有許多客人甚至看起來像是會說「輕小說是什麼？」的人。我們書店是用客人買不買漫畫為標準來區分樓層，換言之，會和漫畫一起買的輕小說被放在漫畫區，而會和一般文庫本一起買的輕小說則被放在文庫區。我並不清楚怎麼樣的陳設方式才是正解，西尾維新（「世人」定義的輕小說作家，但我們放在新書區，後來移動到藝文書區，也有的書店就放在藝文書區）的新書也是，首刷就賣了五百本以上。

如今文庫本銷售額有20％以上是輕小說，即使被尖酸刻薄又自大的人們批評輕小說跨界到藝文界，拉低了讀者的年齡層，但輕小說現象仍在不斷進行中。

前幾天負責藝文書的小海裕美說了這段話。

「田口前輩，這陣子來買書的客人說，『我雖然完全不看書，但是在電視上看了《古書堂事件手帖》後就讀了小說，發現比電視還要好看，書真的很有趣。』所以無論是輕小說也好，還是其他也好，都無所謂吧。」

文庫版增補　二〇一六年席捲全日本，不，應該說席捲全世界的《你的名字》（新海誠，角川文庫）是動畫原著小說，但對我來說就是輕小說。雖然無論是什麼都無所謂。

「那麼BL（Boy's Love，耽美小說）如何呢？」

「這部分的業績下滑，可能讀者從書跨界到其他領域了吧，像是Vocaloid或是成為聲優迷之類的，似乎四散各處。」

「不好意思，什麼是Vocaloid？」

「簡單來說，就是幫網路上的動漫人物配上旋律與歌詞，然後公開在網路上，大家再提供感想回饋的一種活動。田口小姐，妳知道初音未來嗎？」

田中一臉對我遲鈍的理解力感到震驚的樣子，她用帶來的電腦讓我看了一堆覆蓋初音未來唱歌畫面的「彈幕」，嗯，Vocaloid的正確定義和使用方式不是我們的主題，所以請原諒我跳過，她的意思就是BL的讀者群很大一部分離開了「紙本」吧。

田中又繼續說。

「『惡之娘』這個詞現在十分流行，似乎就是從初音未來的世界觀中誕生的，但是抱歉，我對這領域也很不熟悉。」

連田中都不熟悉的話，我該怎麼辦呢。總之，雖然在二〇〇六年訪談時BL氣勢如虹，但如今大部分的讀者似乎轉移到Vocaloid等其他領域去了。那麼有其他銷售量增加的領域嗎？

「教人畫畫的書吧，像是怎麼畫漫畫或動畫。在更早之前，主要是由美術或插畫類出版社出版入門的繪圖書，但現在一般的出版社也加入了這個市場，可能是視野開闊，又或是想成為漫畫家的孩子增加了，總之一直賣得很好。」

原來如此。田中負責管轄的有漫畫、動畫、輕小說、BL、遊戲公式集，這些書區的名稱以「漫畫」總括，不過其中有成長趨勢的是輕小說和畫漫畫教學的入門書，即便僅是微幅的成長。

當時（二〇一三年）我在聽的時候，還只是當別人的故事在聽，結果指導寫小說技巧的書現在變得很暢銷。《情感類語小典》（安琪拉．艾克曼，Filmart社）在二〇一五年十二月出版時，我就因為輕忽了這本書，最後慘遭滑鐵盧。這本書似乎是從推特上爆紅的，主要客群是國、高中及大學生，其中以男性居多。類似的書後來也接二連三地出版，每本都在一個月內賣了上百本，而且客人會一口氣買走好幾本，每本都要快二千日圓。前幾天我才看到一位中年男子拿起這本書。我深切地感到時代的演變，雖然大家不讀小說了，卻變成渴望書寫，而且還參考外國的寫作書，小說之後會變得更加大眾化吧。

「不、不。」小海說：「會買這類寫作技巧書的人，都是希望成為網路小說家的，他們希望自己的小說能被看到，免費給人看也無所謂。順利的話，或許就會變成村上春樹吧。」

這樣啊，是想要找一個獨居在家也能活下去的職業嗎？但是不和他人交涉的話，無法順利地成為職業作家吧？

「不、不。」小海又說：「他們就是想從這些寫作書中學習和他人溝通的技巧啊。」

原來買寫作書是為了這個啊，哎呀。

「還有，漫畫似乎很容易被翻拍成電影或電視劇，像是《海猿》，出版的時候很低調，明明好多年前就完結了，結果一被翻拍成電視劇、電影，就突然爆紅，出版社才趕緊增印，感覺終於出頭天了，還出了寫真書和解說書。電影和電視劇的相關人員一直在漫畫領域裡物色作品，因為原本這兩邊就只差在會不會動而已。」

這麼說來，確實去年最賣座的電影就是《海猿》。

「啊，還有《新世紀福音戰士》、《北斗神拳》等等，都被用在柏青哥、吃餃子老虎的機台上，許多大人童年時讀過漫畫原作，所以對這個沒什麼抵抗力，還覺得這樣打柏青哥滿新潮的，這種人正在增加中。雖然在田口前輩的時代，喜歡新世紀福音戰士的孩子會被叫做御宅族，但現在他們就是一般的大人喔，多虧了柏青哥，《北斗神拳》這類的漫畫又再度紅了起來。但不只有柏青哥店，像剛剛也說過的，看漫畫的小孩們現在變成大人了，有什麼契機的話，他們就會回來。」

田中繼續說，和她剛進公司時相比，情侶或是和家人一起來的客人增加了，特別是週末，在書店聊天的人也變多了。換言之，一個人默默來買書回家，這種以前所認為的御宅族相對變少。年齡層擴大、讀者群改變，這或許是漫畫的銷售額不像其他領域跌得那麼慘的一個要因。田中小姐，妳也別忘記妳和妳團隊的努力啊。

和田中聊完後，我在走回家的途中想著，這個現象或許僅是淳久堂這種巨型書店，在池袋這個次文化城市中的特殊現象。在小書店中銷售量僅次於雜誌的漫畫，如今又是什麼狀況呢？我一直在想這件事情，但是我只能寫下我自己身處的環境。

最後是「電子書」的狀況。在難以抵擋的書籍數位化潮流中，漫畫站在最前線。

應該是一年前左右，一位許久不見的朋友舉起手機對我說道：

「妳看，這麼簡單就能看到漫畫了。如今漫畫不斷地被做成電子書，但是之後一定會反過來喔。」

「咦，這是什麼意思呢？」

「現在單行本也會做成電子書對吧？我想之後漫畫會先在網路連載，評價好的才出單行本。」

嗯，會這樣猜測的讀者，或許是真的想要讀「紙本書」。一般來說，電子書因為比較便宜（今後應該會更加便宜，根據不同的書有的還免費），讀者會先看電子書，再去買喜歡的單行本，也就是說，漫畫雜誌的任務會轉移到電子書身上。但也有人預言，從小讀電子書長大的世代，很輕易就會失去對「紙本書」的信仰，紙本漫畫的市場會以極快的速度萎縮，單價提高，於是就更賣不出去，市場變得越來越小。

確實以現在的物流狀況來說，人們在家附近的小書店裡買不太到流行的書，但不暢銷的書就更買不到，因此大人們會在亞馬遜買書。但孩子們怎麼辦呢？難道媽媽會對孩子說你們可以在網路買漫畫嗎？所以最後孩子們就用網路看免費漫畫，無論是誰、無論在哪裡都能看，也不會被媽媽抱怨說「總是在看漫畫」，更不會被罵說「竟然買了這麼多漫畫」，只要免費下載喜歡的漫畫，珍惜地看好幾遍就好了。

（其實我不知道孩子拿著手機能不能看免費的漫畫，如果不能看的話先說聲抱歉。）

「從電子書到紙本書」的現象，其實早有先例，那就是手機小說。先是用手機這種工具流通，點擊率高的就出書，許多人都希望圖書館能採購手機小說，但是圖書館，尤其是學校圖書館都不願意，不過請讓我在此省去圖書館關於「教育意見」的討論。

在多次和漫畫區交涉下，池袋店的手機小說最後放到了三樓的次文化書區，雖然我認為手機小說的讀者是漫畫區的客群，但是賣場的空間也有限制。

前幾天發生了一件事情。

有位女生於三月時出現在書店，除了禮拜天以外的每天，店門一開，她就會跑到手機小說的書架前報到。她會先從架上抽出五、六本書（大概是昨天沒讀完的），然後坐在窗邊的椅子上專心閱讀，她也隨身攜帶著寶特瓶，不時補充水分，中午的時候人會消失不見，下午當我注意到時，她又靠著書架繼續專心閱讀。有時可能是累了，經常會看到她蹲著讀。她會邊看邊竊笑，直到太陽下山。

「是國中生吧，還沒放春假啊，是翹課嗎？要問她是哪間學校嗎？」

「不要啦，那個年紀情緒很不穩定的，妳應該還記得吧？」

確實，而且我自己站著看書的經驗多如牛毛，我也是因為這樣愛上書的。

「但是在書店站著看書感覺戰戰兢兢的，我幾乎都在圖書館看書。」

「很多圖書館沒有手機小說啊。」

那個孩子讀書的方式，是把封面捲到後面閱讀，喂喂，這不是妳的書，拜託不要留下翻閱的痕跡啊。

「她一天大概可以讀八本，而且總是在書架上隨便找個空隙就塞回去。」負責的男性員工這樣說。

賣場的員工們都很在意，但是也沒有辦法。

從發現這女孩後過了兩個禮拜，我們考量了許多層面，最後將手機小說和漫畫一樣封膜了。抱歉啊女孩，但即使是站著看書也是有規距的，雖然有很多大人不遵守規矩，但請不要模仿那些人。

隔天，她看到書都封膜了似乎有點慌張，後來她拿了一本沒有包的新書（新書不會封膜），那是一本色情小說（手機小說也有很多類別），坐到靠窗的椅子上。過了一個小時後，因為我有些在意所以晃過去瞧瞧，看到桌上散亂著四、五本書，還有一本書被攤開反蓋在桌面上，應該是讀到一半吧，人去廁所了嗎？那個，反蓋在桌上非常傷書啊。

當我第二次看見她把書反蓋時，我出言警告了她。我希望她能遵守規矩，並說那本書不是她的書。

「妳每天都來，但妳還是國中生？」

「沒有，我畢業了。」

這樣啊，所以春假很長呢。不是翹課的學生太好了。

她整個臉漲紅，說「我知道了」，但沒有說對不起，這種反應是因為第一次被別人警告嗎？總之她似乎驚慌失措。但即使如此，她還是又繼續讀了一陣子，在我吃完午餐回來後，才看她已經走了。

是不是不說比較好呢，如果我傷害到她，讓她感到不平衡怎麼辦呢。

「沒關係吧，田口前輩，總是要有位大人出言給她一點勸告。」

「但是若她因此消沉，變得閉門不出呢？」

我想了許多可能而耿耿於懷。雖然是後來的事了，不過有天我在別的樓層看到她站著讀書的姿態，覺得真是太好了，她還很有朝氣的樣子。但是請遵守規矩喔。

文庫版增補　經過四年，手機小說的銷量不斷在減少。「用手機讀小說」甚至已經成為會被年輕人笑說「咦，還曾經有這種時代啊」的現象了。網路環境如飛躍般地進步，所以每天來站著看書或坐著讀書的少女已經瀕臨絕種了。

回到正題，我從田中那聽到關於電子漫畫書的事。

「沒錯，非常多漫畫都被做成了電子書。一開始數位化是像色情漫畫這種較難買到的漫畫，之後已經絕版的漫畫也在拚命數位化。新連載的電子漫畫和單行本同時發售，這種事情變得不罕見。總之現在的漫畫原稿幾乎都數位化了，很容易就能做成電子書，漫畫從紙筆變成直接描繪在螢幕上。」

田中繼續說：「如今手機和網路遊戲是一兆日圓的產業（出版產業在二兆日圓後就一直下滑），所以客群有重疊的漫畫也不得不數位化。」

她又說道：「但是在數位市場中，有音效的動畫或遊戲具有壓倒性的優勢，靜態的漫畫相對來說不利。」即使如此，依然無法阻止數位化的潮流，所以我們又回到了一開始的主題。

嗯，田中好冷靜啊，她和其他堅持紙本的書店店員有一點不同，當我和藝文區的小海裕美，以及其他負責專門書籍的員工們講到電子書時，周圍都是陰沉的氣氛，彷彿明天紙本書就要消失了，甚至能感受到在不久的將來大家都要失業的迫切感。

前面提到過，漫畫被大型知名的出版社所獨佔，其中兩大巨頭就是小學館（集英社是關係企業）和講談社，他們對做電子書十分積極，這種出版狀況也使得漫畫和其他書籍領域不同。這兩間公司積極投資電子書，站在數位化潮流的浪頭上。雖然這是我的猜測，但我認為這兩間公司是想搶佔先機，畢竟那麼大間的亞馬遜（＝Kindle）十分熱衷於將出版品數位化，甚至即將支配日本出版品的數位化市場。

「咦——出版社有那麼值得欽佩的意圖嗎？他們只是單純自我防衛吧？因為他們是製造商和零售商的關係，對出版社來說只要賣得出去，在哪裡賣都無所謂吧。」

田中冷靜地說。

不、不，我在心裡反駁。至少他們的動作不僅是自我防衛，大概吧。我的看法或許又太天真了。

文庫版增補　透過這次採訪，我了解到在這件事情上田中是正確的。打從一開始就不是亞馬遜v.s.這兩間公司，雖然很遺憾，但一切都是照著亞馬遜的想法在前進的。我希望日本的兩大出版社能抗衡亞馬遜的想法，果真是太天真了。

「漫畫的主要流程是從出版社收編作者開始，接著在雜誌上連載，這背後隱藏的部分是整個流程中最大的難關。再來則是出單行本，這是從作者到書店，甚至到讀者的第一步。此時市場會篩選出受歡迎的漫畫，然後就會出現它的周邊書籍或相關產品，順利的話則會翻拍成電視劇或電影。因為各個階段都有自己的銷售基礎，整個流程才得以成立。確實有的出版社會在發售單行本時同步發售電子書，但是並沒有很賺錢。電子書的銷量大概就是單行本銷量的2%（比例會依每個人的立場而有所不同，我聽到最多的是10%），這應該是因為兩者定價幾乎一樣吧。不過我認為狀況會慢慢改變，拿著智慧型手機長大的世代不斷成長，易於閱讀的Kindle也更加普及，不受再販制[2]約束、可以削價競爭的電子書籍市場會持續成長吧。只是，現在的電子書如同剛才說的，是在『紙本的基礎』上做成的，是先有紙本書，最後才製作成電子書販售；換言

2 譯註：圖書以固定價格銷售的制度。

之，在這套模式中，作者從創作的階段開始就要和編輯合作，尤其漫畫在這塊特別重要，也因為系統十分嚴謹，所以日本的漫畫才會呈現出高水準，而『電子書的基礎』則還沒做到這種程度，雖然讀者們似乎已經準備好了。之後這個建立在『紙本』上的模式會變得怎樣呢？我也很難預測。」

沒錯，我也看不清楚未來的走向。但是聽了田中的說明後，我想前面朋友所說的，「未來會變成先有電子書，才有單行本」的流程應該是不會這麼快到來，主要不是讀者，而是製造商的因素。但是我想總有一天會變成這樣的，現在只是聽得到腳步聲而已。

可能會有人認為，不過就是漫畫，我又不看。這種看法就太輕視漫畫在日本出版業中的地位了。就像我寫過好幾次的，因為漫畫雜誌的緣故，大部分的漫畫在流通上都被當作雜誌，再加上原來的雜誌，兩者合起來將近佔出版品銷售額的一半（其中雜誌與漫畫的比例大概是三比二），而且在全國各地的小型書店中，雜誌和漫畫的銷量比例偏高的。此外，漫畫出版社幾乎被壟斷，小學館集團（小學館、集英社、白泉社）、講談社、秋田書店在最近依然不斷成長，以輕小說傲視群雄的角川書店集團（KADOKAWA）旗下六間公司也都是重量級出版社，這些出版社的動向，掌握著散佈在全日本出版流通網的關鍵。

但無論會變得怎樣，田中都以期待著未來的心情，直爽地說：

「沒關係，因為我已經決定要在這個業界活下去了。」

文庫版增補　經過了三年，電子書的影響如同預測，漫畫是電子書的最大宗，76．5％的電子書都是漫畫。在電子書和紙本書的較量中，如果對數位化十分熱衷的講談社或小學館（集英社），把電子書完全從紙本書抽離出來的話不知道會怎樣。

田口前輩，《女子會》賣得很好喔

人文書和「女子」書店店員

「鄉下地方難得一見的美女」這句話是歧視嗎？那麼，「書店難得一見的美女」又如何呢？大家對「女子」書店店員的印象是，總是帶著眼鏡，頭稍微低低的，樸素不起眼，腦袋或許不錯，但愛講大道理，如果是負責專業書籍的就更是如此，我有說錯嗎？

身材高挑的森（吉原）曉子走在人文書的樓層時，就像闊步在丸之內商業區一樣，感覺那區都變得時尚了起來，即便她身穿白襯衫和制服圍裙這種很沒個性的服裝。我從容貌開始介紹森，她本人會覺得很無奈吧，但是她擁有一頭烏黑的長髮，瓜子臉，清晰的眉眼，深邃的眼瞳，配上豐富的表情，還有能用自己的話語論述的知性，讓我不由得脫口問她：「為什麼妳會來當書店店員？」

「學生時代我曾在新宿的紀伊國屋書店打工，然後就想要成為有書籍鑑賞能力的人。」

原來如此，被「書」擄獲了呢，這是書店店員中很常見的一種典型。

「但是，其實我並不是特別喜歡書，我不像小海，沒有讀過那麼多書，但也沒想過做書以外的工作。」

「妳父母贊成嗎？」

「我在愛知的父母十分反對，他們完全不知道淳久堂，他們還說如果在東京書店上班的話，不如回家。」

她似乎是出生在愛知縣豐田市的「千金小姐」，從東京的角度來看，豐田城下町彷彿是不可思議的封閉城市，卻有著支撐日本經濟的自負。

「但是後來淳久堂也在名古屋開店，父母才終於像知道了這是什麼書店一樣——可能也是想說拿我沒辦法吧。」

淳久堂名古屋店於二〇〇三年開幕，森進入公司時和小海、田中一樣是二〇〇一年，也就是說父母反對了二年——看來真的是相當不喜歡啊。

現在很多人「因父母反對而離職」，特別是當父母生活在沒有淳久堂分店的城市。淳久堂只要大學畢業的新鮮人，會來應徵的大致上都是知名大學的學生，而且大多都很認真，所以雙親對他們的期待值也會比較高。父母會覺得不斷寄送生活津貼最後只是「在書店工作」，難道沒有更好的工作了嗎？

即使如此，森還是選擇了當書店店員。這麼說來，有位東大或慶應畢業的男生，已到了實習階段，卻因為父母的反對，「還是得成為銀行員」所以不得不辭職，似乎讓他相當煩惱。我們也不是不能理解父母的心情，所以當下反應是很爽快地說「啊，這樣啊」，不知道他現在工作還順利嗎？大城市的銀行感覺很辛苦，雖然和書店的辛苦意義不同。

「我剛進公司就被分配到電腦書區，那時相當洩氣。那是Windows Me或Windows 2000的時代，而我大學修的是歷史，真的是一竅不通，所以無論是C語言還是JAVA，只要是能成為專家的實用書我都會拿過來看（雖然淳久堂會教關於電腦書的基礎知識，但對理解一點用都沒有就跳過它吧）。我剛到電腦書區時，到底是怎樣度過每一天的呢？如今想想實在是覺得不可思議。不只是PC，連手機也變得普及，網頁開發之類的書賣得非常好，但是我甚至連自己的手機都不太會用。我不能允許銷售這領域的自己是個外行人，所以每天都很努力。」

然而當她覺得終於看懂書架上的書時，學到的知識已經過時了，又要從頭開始學習，這類事情不斷重複發生。但是學習新知識的過程讓人感到開心，而且在整體低迷的出版業中，電腦書屬於不斷成長的類型，如果有下工夫選書的話，就會反映在營收上。在某個意義上，電腦書可說是「作為書店店員最幸福」的領域。順帶一提，森被分配到的六樓有另一個成長中的領域，那就是「社福．照護」。後來電腦書的營收開始下坡，但這個領域至今都還是很熱銷。

書店店員面對電腦書這個領域時，當然會感到進退兩難。電腦系統是大型書店的脊梁，無論是物流、管理、販售都是使用電腦系統，尤其還有查詢功能，即使是和書店為伍數十年的我，也總是遠遠不及「點一下」。但這同時也是一把雙面刃，這隻魔手似乎慢慢地想要驅逐「紙本」，甚至是要奪走我們的工作。雖然不安，但如今我們已經身處在轉變的過程中，著陸點在哪裡我不知道。諷刺的是，在業績整體下滑的今天，「電腦使用法」一類的書仍然保持一定程度的購買率，多少讓我們賺了一點。

森曉子因為堅決抵抗雙親的反對，非常拚命工作，認為不能就這樣沒出息地回家鄉。她在一年半後調職至大宮店，負責的領域卻不是她好不容易熟悉的電腦書，而是人文書籍。大宮店於一九九九年開幕，她是在開幕的第三年調職過去的。

大宮店是繼池袋店之後，第二間開在首都圈的店鋪。雖然說是埼玉縣內最大型的書店，也不過才六百坪（後來擴增到七百七十坪），以淳久堂來說是小規模的書店。某位經銷商的核心員工曾經說過：「即使把埼玉縣和千葉縣的書店營收加起來也不及神奈川縣。」因為埼玉縣的消費者多半都會到東京來買東西。換言之，大宮店決勝的關鍵就是在於能留住多少跑去池袋或新宿買東西的客人。

森又得再次從頭來過，而且人文書是大型書店「格調」的基準，八〇年代的LIBRO之所以會成為話題，也是因為它以人文書為基礎，創造出新的書店排架方式。

「人文學」似乎被定義為與「人類文化」有關的學問，但我以字面來理解，所謂「人文學」，就是「將人文章化」，即是「將人幻化成語言的學問」。淳久堂的人文書由歷史、思想、宗教、心理、教育及社會學所組成，每個書店各自有不同的分類法。我曾經任職過的LIBRO，人文和社會是在一起的，人文書被稱作人文社會學書，社會學裡面會討論社會問題，所以和時事相關的讀物也在這一塊。雖然大家可能會認為這只不過是一個分類，但是和社會問題相關的書籍顯得活潑生動，能夠傳達「現況」（也就是說營收會上升），所以能帶給像學問要塞的人文書籍（越來越安靜的書區）一點刺激。在淳久堂，書店營收的重心是在「法律、政治、經濟、商業」類別，社會・時事會和商業書一塊被收在「法律、經濟領域」。在LIBRO，社福・照護的書籍屬於教育類，但在淳久堂則與醫學書放在一起，而醫學書類也是淳久堂的營收龍頭。根據每間公司經營方針的不同，類別組成會產生巨大的差異。

二〇一三年四月開幕的紀伊國屋Grand Front大阪店，以「理解書本的現狀」為廣告詞，根據他們的樓層平面圖，我們概念中的人文書被切割了。歷史、宗教和社會被擺在理工書的隔壁，思想在旅遊導覽書的旁邊，藝文、音樂和電影則在同一區，紀伊國屋似乎是想傳達「現在」這個概念。

但我總覺得似乎有哪裡不對，讓森來解釋的話就是：

「這種擺設方式感覺是一種返祖現象，在四十年前，當『人文書』的領域還沒確立下來時，日本最大的書店紀伊國屋就是用類似Grand Front店的形式來陳設，大概是考量到客群所以這樣設計的吧。這是我從人文會負責人那裡聽來的。」

原來如此。順帶一提，由人文書出版社組成的「人文會」，創立於一九六八年。

雖然森負責的是囉唆型讀者很多、有點繁瑣的人文書領域，但是我卻看不出來她有感到壓力。

「沒有喔，我的壓力其實很大。因為這領域像是『書店的良心』，我強烈地感到自己的知識不足。」森坦言。

是這樣嗎？她看起來滿輕鬆的。

「大宮店的人文書是七層的書架，有七十本左右，只有我一個人負責看管；池袋店有四百五十本左右，加上工讀生共有九人看管。池袋的收銀台在一樓，有專人負責；但在大宮，收銀台的工作是全部員工的義務。」

森有一陣子一邊負責人文書區，一邊兼任人事．總務的工作，在第五、六年時成為代理店長。

「我調職到大宮店後做的事情，就是把每個書架的書設計成封面朝外。這裡的書只有池袋店的六分之一，無法像池袋店一樣只是把書放進書架上，光是數量就不能比，所以要將新書或長銷書的封面給大家看，至少要讓客人有『這本書現在很暢銷喔』的印象。我也會一邊看著人文書的清單，一邊加入穩定銷售的書籍。其中最辛苦的是要在這些熱門書中，放入多少『雖然賣得不好卻是必須的書』。」

沒錯，我們淳久堂的員工都想要塞滿書架，即使只多一本也好，感覺這就是使命，所以會極力避免封面朝外這種「書封陳列」方式。特別像大宮店這種在創業初期時就開設的店面，會更傾向如此。但再怎麼努力，和池袋店規模不同就是莫可奈何，那麼不如運用能傳達簡潔訊息「想要賣這本書」的封面陳列方式，將書擺在和客人視線一樣高的位置刺激購買，成果較容易反映在銷售額上。不過有太多「雖然賣不好卻是必要的書」，選擇上會很辛苦吧。

那麼在大宮店，有什麼書讓妳印象特別深刻嗎？

「奈格里的《帝國》。」森馬上回答道。

正確寫的話，是《帝國：全球化的世界秩序與雜質多異的可能性》（安東尼奧．奈格里、邁克爾．哈特合著，以文社，二〇〇三年一月發售）。這是森調到大宮店後沒多久就出的新書。

「當時我只想著，討厭，大宮店不可能賣得出這麼貴又艱澀的思想書，訂單只下了五、六本。結果這本書卻很暢銷，嚇了我一大跳。」

她一邊這樣說，一邊點開池袋店的電腦。

「雖然我覺得賣得很好，但池袋店（現在）累計賣了三百四十四本，大宮卻只賣出三十六本。一定是因為我沒看出這本書會賣，覺得很後悔才會一直記得吧。大致上，如果是大宮店賣得不錯的新書，都能賣到池袋店三分之一的銷量。不過作為思想書，三十六本的成績還是很厲害，池袋店則是特殊狀況。」

這段話題以「在大宮店的森曉子」作結，當我想把話題轉向池袋店的森時，森講了這段話。

「我在大宮印象最深刻的，是和佐藤優先生的相遇，這個眼睛很大的男人在詢問關於『馬薩里克』的書，我雖然不懂卻還是努力幫他找，但大宮店沒有庫存——我對他非常有印象，後來當我知道他是佐藤先生時，反省當初如果能好好回答他的話，不知道該有多好。」

那時佐藤正在保釋中，寄居於老家。後來當我拜託他當七樓作家書店[1]的店長時，我也從佐藤先生那邊親耳聽到，整天閉門不出的他是如何在母親的勸說下到大宮店消磨時間，被書本包圍是如何感到安慰等等。

「書店是我的恩人，為了書店我什麼都做得到。」

雖然記不清了，但他對我說了類似的話。其後他在大宮店舉辦座談會，森一定是那時才注意到「啊，是那個人！」

大宮店因為建築物老舊，於二〇一三年五月暫時停止營業，店址遷到百貨公司裡，變成大宮高島屋店。雖然書店面積稍微縮水，但還在大宮真是太好了。

文庫版增補　後來作家書店移至六樓，延續至今，伴隨著二〇一五年加藤陽子書店以及「憲法」書展的選書，作家書店的故事也出書了。

森曉子於二〇一一年二月底調到池袋，環境變動就已經是很有壓力的事了，那時還是「日本的非常時期」，對她來說應該是相當難以忘懷的春天吧。

但是，一轉到池袋店的話題，森一開口就這樣說：

「池袋的人文書區好快樂。」我將她連珠炮般說出的話整理如下：

「看到池袋店有許多書，我就會想著要怎麼排列，心情就會很好。在池袋不用站櫃檯，所以我可以將精力集中在負責的書區，十分快樂。有認真選書的話客人也會有反應，真的好棒。比起大宮店，池袋店的客人常常問些很難的問題，我也會受到刺激，想說好，我來調查看看。」

她整理了一下思緒後，繼續說道：

1 作家書店：從二〇〇三年起，七樓的活動空間被用來舉辦為期半年「各種領域的作者成為店長，為讀者選書、企劃的書店」的活動，期間不定期會舉辦店長座談。第一場的店長是谷川俊太郎。二〇一三年五月（現在）是第十八場，店長是小熊英二。佐藤優是第九場。池袋店各領域員工的聲音是店長人選的標準。

「在大宮，如果好好充實書區，當然也會有客人給予回饋，有時也會稱讚我們；但是在池袋店，我服務的對象變成是不特定的多數客人，我感覺到自己的責任，客人的回饋也很明顯，所以感到很愉快。」

在幾天以前都還想著要盡量在書架上放暢銷書，並費心設計陳設，希望讓客人方便買到書的這位書店店員，說了令我意外的話。

雖然森以「客人會問很難的問題」來描述，但實際上有些客人就是直言不諱，會說：「喂，這裡沒有更清楚詳情的人嗎？你們不是淳久堂嗎？」不，有說出口（雖然很受傷）都還好，最可怕的是一邊在心裡嘟囔抱怨，一邊就這樣走掉的客人，這樣的客人很多吧。因為人文書是客人要求非常高的領域，客人會要求店員的程度只能「比自己低一點」，如果沒有這種店員存在的話，要求就會突然變得「非常高」。

根據森所說，「教育（含育幼）」是池袋人文書的一大支柱，學校的老師是主要的客群。

森說：「這裡是老師們的參考書賣場。」

森從教育書的銷售中看到什麼了呢，好比說小學的狀況？

「有位小學退休教師向山洋一，正在經營ＴＯＳＳ教師指導法的團體，他就是創造出『學級崩壞』、『怪獸家長』等詞語的老師，好像也負責電視台猜謎節目的教育領域。這個團體的實踐活動似乎在小學教育裡很流行（也有出版全集，共一百零一卷，如今沒有一位作家或學者寫得出如此長篇的全集，好厲害！而且他另外還寫了很多本書），雖然ＴＯＳＳ招致許多批判，但在很長一段時間裡它仍然是最大的教育團體。不過年輕老師卻對ＴＯＳＳ敬而遠之，感覺在猶豫要不要加入，因為這與其說是同好會不如說是一個團體，如果參加了可能就無法參加別的團體，支持ＴＯＳＳ的最主要會員都已經上了年紀，和年輕世代沒有連結。這是我從賣場看到的，也是和教育書出版社的業務聊天整理得到的。」

哦，接受戰後教育的老師們所提倡的「教育指導法」面臨十字路口，這會帶給日本的教育現場什麼樣的影響呢，還是說這是僅限於東京的現象？

霸凌問題、貧窮家庭問題、英語教育的實行，還有跟書店店員似乎有關的「教科書電子化」等等，教育的問題堆積如山，這些問題雖然會變成我們的「謀生手段」，但是提出問題、解決問題也是出版的任務之一。

「人文書的第二支柱是歷史書。因為這裡不只有一般讀物，連學術書都有好好地放在書架上。」

感覺森想說的不只是「好好的」這種程度而已，應該是「竟然連這種書都有！」雖然學術、研究類的書滿坑滿谷，但在我之前的著作《書店繁盛記》中已經有提過歷史書，那之後也沒有發生太大變化，所以這裡先跳過。

人文書第三大領域之一是思想書，那麼思想所包含的宗教書情況又是如何呢？

說到人文書，應該許多讀者腦海中會浮現「思想領域」，淳久堂的人文書中也包含「社會學」。

我記得我在之前的著作中，主要都是寫「文化研究」。那時採訪在新宿店工作的澤樹伸也，我曾詢問他目前最流行的領域，他回答：「嗯，硬要說的話是文化研究吧。」我回到池袋店以後，仔細盯著文化研究的書架看，心不在焉地想著「Cultural studies（很多人會省略唸成Cul-st，但這裡我更簡潔地稱為CS）」，直譯就是「文化研究」，如果將「文化研究」擺在「社會學」下面不知道會如何呢？

社會研究這門學問上有「在研究室以理論為依據，作為學問的社會學」，下有「田野調查的CS」，而且CS的基本理念是批判體制，也就是左翼思想，至少初期的CS是如此。我記得當時的書架上充滿這類的書。不過可能會有人抗議說，不要下這種階級般的定義。那麼這樣說如何呢？「社會學的次文化『CS』」，但因為次文化沒有反體制的意義在，所以應該改成「反文化」

更為貼切。如果我自己負責這區的話，會有更加不同的定義吧。

不過這次我問了森，她說CS是歐洲大陸哲學＋英國新左翼，所以和社會學的淵源不同。原來如此，是這樣啊，真的要很警惕，不要像我這個外行人一樣隨意下判斷。雖然這麼說，我光是觀察書區，會覺得這兩者真的很像，特別是在田野調查這塊，我不服輸地這樣想，之後又再次勸誡自己不可以這樣。

因為採訪的緣故，所以我重新去看了社會學書區（其實只是往上一層樓而已）。奇怪，感覺變了，是從什麼時候開始的啊。

「森，社會學的書架以前是在這裡嗎？沒有和CS的書架交換嗎？」

電梯出來後馬上就會看到一個平台，以前右邊的書架（五排）將新書分類別擺放，書架背面是和思想有關的外文書，外文書的對面九排是CS。現在則是將CS區改為社會學，側邊兩排書架擺放思想領域的雜誌和非當期雜誌，CS移動到對面五排的書架上（原本是放外文書）。

「沒錯，書架交換了，五月才剛換的。」

「那外文書去了哪裡？」

「在平台的左邊，靠窗的書架那裡。因為會有鎖定外文書而來的客人，所以就算將他們擺在一起，業績也不會減少。」

「嗯，靠窗一族啊。努力想成為世界思想的最先端，但書卻賣不出去，所以妳才會將社會學與CS面對面放吧。」

我之所以要特別寫出這個書架變動，是因為無論在哪個樓層，平台和旁邊的五排書架都是放新書，靠電梯的九排書架則是放那層樓的重點書，這種放置方法幾乎是池袋店的守則。

「我曾聽說田口前輩那時任職的LIBRO池袋店，有代表後現代主義、結構主義等現代思想的區域，不只是LIBRO，只要是有賣思想書的書店，都一定要有後現代主義的書區。只要傅柯、德希達、德勒茲登有在書架上，就等同於『現代思想、OK』。雖然這樣說有點極端，不過『曾經』如此。如今卻沒有個標示能呈現『這個思想代表著現在！』，而且其實也有後後現代主義或後後結構主義吧？雖然一時之間大家都喊著CS、CS，但CS真的是潮流的最前線嗎？」

森沒有回應我，發出一聲嘆息。

「客人也想用現在的社會現象『當作思想的詮釋』，他們不要那些用腦袋創造出來的學問，比如三．一一的解釋，他們希望是透過田野調查整理出來的，客人還會去要求思想界或出版社做到，所以開沼博的《論「福島」──核能利益團體是如何誕生的》（青土社，二〇一一年），這本書雖然有放在五樓的核能書區，但也很適合放在CS書架上，賣得很好呢。」

「也就是說，從書店的排架來看，『社會學』比『現代思想』更受歡迎？」

「雖然我不敢如此斷言，但比起後現代主義時代或許很不同吧。」

沒錯，或許是因為之前的時代有著奇怪的熱情，畢竟那也是泡沫經濟的年代。

「若要說現在賣得比較好的作家，有內田樹、中澤新一、鷲田清一，年輕一點的有國分功一郎。內田是法國現代思想的研究者，專門研究列維納斯。中澤是宗教學出身。哲學家鷲田是以身體論為基礎。國分一開始則是法國思想的譯者，最初的著作寫的是史賓諾沙。讀者都以他們的思想為基礎，尋求『社會現象的分析』，同樣賣座的大澤真幸、橋爪大三郎也都不是社會學家，但他們兩人的對談集《不可思議的基督教》（講談社現代新書，二〇一一年）賣得超級好。現在已經是跨領域的時代了。」

完全沒錯，而且這本書在專門領域以外也賣得很好，很大一部分是因為「新書」的緣故吧。也就是說讀者不是把它當作學術書在讀，用老一點的詞彙來說，是當作教養書在讀。八〇年代會把傅柯那厚重的著作夾在腋下的讀者群，經過了三十年後，重心就轉移到較易讀的「新書」上面了嗎？

森總結道，學術研究書的讀者群很有限，所以擴大一般的讀者群是很重要的。雖然一本思想書的品質能凸顯出研究者的能力，但擴大一般的讀者群應該也能支持研究者做研究吧，希望人文思想書的編輯能努力開發這群讀者。

森對於少數暢銷作家會突然爆紅，但不暢銷的作家則就此沉寂下去感到惋惜。或許書店也是一種階級社會吧。

這個現象同樣發生在藝文書區，村上春樹的地位是特別的，再來是伊坂幸太郎、東野圭吾，以及明明極為暢銷，卻只在讀者中有知名度的三上延（這很不可思議）。除了這些暢銷作家以外，其他作家都很低調，小說初版的首刷能有五千本就不錯了。淳久堂剛開幕的時候（一九九七年）是一次進七千本的。不，也曾一次進一萬本——如今專業書籍的首刷是二千本？還是一千本？

「不，田口前輩，即使只印七百本也不奇怪喔。」

若重新觀察社會學書區，會發現這區仍非常古典，書架的組成以馬克斯・韋伯相關書籍為中心，順帶一提，岩波文庫版的叢書依然是極為長銷的書。啊，《孤獨的人群》（上、下，大衛・理斯曼，美鈴書房，二〇一三年）出新版了，我懷著舊情將目光移向那本書。溝通理論、都市理論等各種理論散落於書架各處。不過當我想著，這大概就是社會學區的基本組成了，卻發現角落的書架展示著《女子會2・0》（「Dilemma＋」編輯部編，NHK出版，二〇一三年）、《絕望國度裡的幸福青年》、《我們的前途》（古市憲壽，講談社，二〇一一年、二〇一二年）等書的完整書封，原來青年理論是放在邊界啊（用現在的話來講就是邊緣吧）。

「田口前輩，《女子會》賣得相當好喔。」

森的聲音傳來。

「社會學書區大部分都是基本理論書籍，對面的CS則是實踐，或是由田野調查的書所組成的。」

「但不知為何最後就變成這樣了，雖然兩個領域各來自不同的源頭，但將他們面對面擺在一起，奇妙地適合。」

我看向對面的CS書區，有《修訂版　想像的共同體》（班納迪克・安德森，書籍工房早山，二〇〇七年）。啊，好懷念，這本至今都還是長銷書呢，我甚至差點脫口而出說：「以前還有Libro Port出版社喔。」先把感傷放到一旁，原來現在ＣＳ書架上成排都是「具有現代感的書」。目前七樓正在舉辦「小熊英二書店」的作家書店活動，所以這裡也擺著小熊店長的《平成史》（河出書房新社，二〇一二年）、《如何改變社會》（講談社現代新書，二〇一二年），以及之前的全部著作。也有前面提到的開沼博的新書《被漂白的社會》（鑽石社，二〇一三年）。性別理論、後殖民理論、媒體理論等分類也都沒有改變。

「ＣＳ區像是集合了無法順利放入其他嚴謹分類中的書，因為不知道放哪裡好，所以最後放到這裡。或許ＣＳ領域正因分類寬鬆反而得以成長吧。」

森靦腆地說，現在就是這種時代吧。

「但是……」

森說道，感覺對思想書區沒有起色有點羞愧。

「我認為思想是非常、非常重要的領域。因為這不是所有事物的基礎嗎？即使是科學技術的根基也是思想，思想是與我們有關的所有事物之基礎。」

雖然我也認同，但是越重要的東西越不會譁眾取寵，所以不會被世間的趨勢所動搖。作為書店店員我很懂森的心情，「夠了！我想要賣和世界基礎有關的書！」也忘不了她說出這番話時認真的表情，因為現在我負責的文學區也是一樣的狀況。

社會趨勢正在遠離「人文・思想類」，大家只想著趕快學好英文，前往那些科學、技術的道路。大學中，人文，特別是思想系所的補助也十分微薄。日本人正在變成無法用自己國家語言好好思考及表達的人了嗎？

訪談最後，我試著詢問森有關宗教類的書，更準確地說，是有關精神世界[2]的書。因為當時我和調職到大阪的澤樹伸也（二〇一七年的現在，他在丸善丸之內本店）聊天時，我問他：「在梅田店，人文書賣最好的領域是？」他

2 編註：「精神世界」一詞始於日本一九七〇年代末期。包含許多思想共存的複雜文化領域，如遠古時代的神祕主義、日本特有的靈學（霊学）、探索自我、心理變化等。

稍微思考了一下後回答我說：「應該是精神世界的書吧。」梅田店有成排的宗教學書籍，特別是《國譯一切經》、《大藏經》等在一般書店絕對看不到的佛教經典，在梅田的書架上都有全集，明明書店準備了如此豐富的藏書等待著客人，結果答案卻是「精神世界的書」？不、不，我並不是輕視這類書，但是，真的是精神世界嗎？

「沒錯，精神世界的書很賺喔。」

森也這樣說。

「說到精神世界，我的腦中浮現的是新紀元運動及新科學等等，如果是書的話，就是《好奇的人類》（萊歐・華生，筑摩書房，一九九四年）、《守護神的總結》（阿瑟・庫斯勒，工作舍，一九八三年）、《地球號太空船操作手冊》（巴克敏斯特・富勒，筑摩書房，二〇〇〇年）等，或是那些書名裡有『道』的書，以及冥想、呼吸法和瑜珈等等，現在還是這樣嗎？」

「這是基本的思考方式，但是現在這類書籍包含那些更貼近生活，而且馬上見效的書，範圍變得很廣。若用這個定義，像是讓財務自由、交到男朋友、事業成功等等都是，幾乎都會用曖昧的字眼，對讀者私語：『你現在這樣就很好，你只要保持這樣的自己，你所希望的就會成真』。說到底，都是一些無關痛癢的話。」

「比方像是哪本書？」

「受歡迎的書有淺見帆帆子的《你絕對會好運》（廣濟堂出版，二〇〇七年）這種給女性讀者看的書，會有一票支持的女書迷。給男性看的，像是戴爾的《每個問題必有一個靈性的解答》（三笠書房，二〇〇五年），或是船井幸雄的書。」

「船井是那位很有名的經營顧問？」

也就是所謂的怪傑？若要說中村天風（會太古老嗎？）是屬於哪一邊，似乎也會被說是精神世界。

「妳知道《奇蹟課程》（海倫．舒曼，naturalspirit，二〇一〇年）這本書嗎？這本書似乎帶給靈修界很大的影響，像是精神世界的教科書一般廣為流傳，還有《祕密》（朗達・拜恩，角川書店，二〇〇七年），這就是吸引力法則吧，我認為這本書出版得正是時候。這類書籍像是實用書一樣，十分低調簡樸，現在講這個不太好，但我必須說，這類書籍就像是塵世的心靈依託。不過和工作有關的心靈書籍在商業樓層，而淺見及佳川奈未的書則放在散文的樓層，四樓的精神世界是宗教色彩稍強的書，看書名就能理解，像是《與神對話》（尼爾・唐納・沃許，summark，二〇〇二年）。昇華、心靈療癒都是關鍵字，還有關於超能力的書，以及藉由調查古代史預言未來的書等等。」

這麼說來，我還記得《諾斯特拉達姆士大預言》（五島勉，祥傳社，一九七三年），這本書賣得誇張好，那是一九七〇年代末的時候？

「果然東日本大地震也帶給這個領域影響，古代的文獻對三・一一已有預言，類似書變得暢銷。人們對未來感到徬徨，會開始尋求肉眼看不見的東西，所以閱讀精神世界書籍的人也增加了。」

精神世界的書，已經從西藏的深山修行這種印象，進化到很遙遠的彼方，世間的善男信女原來是飄泊於此嗎？書店能觀察到這種細微趨勢藉此賺錢嗎？

和森聊過後，我再一次注意到人文類出版社團體「人文會」，這個團體設立於一九六八年，也就是全共鬥正如火如荼的年代，當時與思想有關的書相繼出版，讀者也不斷增加，沒錯吧？更重要的是，出版全體的景氣蒸蒸日上，根據維基百科對人文會的解釋：「在一開始設立的一九六〇年代，大家對書店人文書的認識程度，僅是在書架上和藝文書混在一塊，然後按照作者分類放置。」「人文會」孜孜不倦地啟蒙書店，確保書店有「人文書」這個領域，加上讀者的反饋，書店才有今天的型態吧。仔細想想，「人文會」催生出「人文書區」，一部分可能是時代的要求，另一方面書店對專門書籍的概念有所轉變，書店開始大型化也是一大契機。

更進一步深思的話，特別是七〇年代至八〇年代，應該有許多「和人文書有關」的小劇場，因為全共鬥的戰士們經常會在出版社或書店閒晃。若是將創立於一九七五年的LIBRO，和一九九六年的淳久堂兩者的人文書進展放在一起思考的話，其中的故事量甚至能再寫出一本書。

但最要緊的不是曾經怎樣，而是接下來會怎樣吧。應該不只是我，和「人文書」有關的所有人都是這樣想的。其後的人文書到底會變得怎樣呢？

人文書和其他的專業書籍，像是法律、經濟等社會科學類的書，或是科學、技術類的理工書及醫學書相比，它不是傾向資訊、紀錄的領域，而是故事性強的文學類領域，我很能同意維基「六〇年代和藝文書混在一塊」的描述。讀者反覆閱讀一本書後，會將作者的故事記到腦海裡，與作者一起思考。透過將文字印在紙上的「書」，讀者會隨著時間推移，思考不斷產生共鳴，甚至會互相反駁論辯。我相信紙本書和電子書的性質大不相同，後者是在「經常更新資訊的領域」中能發揮強項的工具。變成電子書後，人們的思考型態也會跟著改變嗎？我無法知曉未來，所以感到不安。

無論如何，我希望「書」可以延續下去，希望大家持續做人文書的意志可以匯集在「紙本書」中。我站在書店的一角，對與人文書籍有關的人們，發出內心的請求。

文庫版增補　森曉子於二〇一七年五月結束育嬰假回到工作崗位，她回來後馬上加入開店二十週年紀念的籌備團隊，關於這部分我有寫在〈文庫版後記〉中。同時回歸的還有藝文書區的田村友里繪、電腦書區的長田繪理子，三人的工作氣勢如獅子般勇猛矯健。

不可以把小孩當笨蛋

童書的希望

在書店裡，給0歲到國中生的孩子看的書叫「童書」，但是實際讀者的年紀會再稍微大一點，也有的大人是兒童文學迷。童書中，繪本（以圖畫為主）與童話讀物（以文字為主）是基本的，也包含圖鑑等學習類刊物。

「我依稀記得，在韓國的書店中似乎沒有專門陳列童書的大空間，這是韓國電視局來採訪時我聽到的。」

說這段話的是LIBRO池袋店的山井洋子。韓國當然也有出版給兒童看的書，但是並沒有很多。相較之下，在日本的出版品中，童書是個十分穩固的類別，有許多專門出版童書的出版社。我認為這象徵了日本人對童書的「想法」，日本的大人希望孩子們「讀著書長大」，雖然我不是很清楚其他國家的狀況，但我私下這樣相信。

我時常認為「童書就是希望」，也只有在這個領域，才能夠毫不遲疑地使用「希望」這種會讓人感到難為情的詞彙了。

首先，童書本身就是「成長的故事」，沒有包含成長希望的童書就不是童書，這幾乎是可以確定的必要條件。許多在童書中登場的主人翁，在故事的結尾都會獲得某些形式的成長，這裡面包含了期待閱讀書的孩子們也一起成長的願望，若說是大人們「對明日的期待」而創造了童書也不為過。

童書是大人給予孩子的禮物，許多大人會傾向給孩子自己小時候讀過且喜歡的書，或是反覆讀了好幾遍的書，所以童書是出奇長銷的書。

我殷切地認為，在孩子的童年種下讀書的快樂種子，正是出版業或書店生存下去的希望。我甚至認為，如果連這點都開始動搖的話，那麼出版業也沒有明天可言。運動、才藝和讀書，都是從小就開始培養，這是十分重要的，提供書籍給孩子的大人們必須對此有自覺。

因此這章是「滿懷希望的童書篇」。我拜訪了位於百貨公司中的童書賣場「LIBRO池袋本店　瓦姆帕姆（わむぱむ）」，這間書店的客群幾乎都是大人，其中買來送禮的比率佔壓倒性的數量。

瓦姆帕姆位於西武池袋本店的別館（當時的名稱是SMA館）地下一樓。一九八九年的LIBRO從本館十、十一、十二樓搬到現在的場所，隔壁就是ART VIVANT。若是熟知八〇年代美術書籍的人，應該就會知道池袋的ART VIVANT（現在搬遷至惠比壽）。如同ART VIVANT象徵了當時LIBRO的前衛，瓦姆帕姆則是象徵了如今的LIBRO。雖然它不是書店最主要的賣場，但作為一個童書賣場，它緊緊地掌握住百貨公司的主要客群。

文庫版增補　我已經忘了是幾年前，我偶然遇見ART VIVANT的老闆蘆野公昭，因為我在拙作《書店魂》中曾經訪問過他，所以應該是過了十五年吧。蘆野爽朗地說道：「我想把店收掉了，但店員們說什麼都要繼續做下去，所以我就連同店員一起賣給蔦屋了。」原來如此，是賣給蔦屋啊。

從西武池袋本店的地下一樓通往明治通的聯絡通道，瓦姆帕姆就在旁邊，店面約三十坪，以童書賣場來說算大了，我每天都會沿著這條路線走回家，邊用眼角餘光觀察著瓦姆帕姆生意興隆的樣子。瓦姆帕姆的熱鬧程度完全不輸給對面賣雜誌和藝文書籍的賣場。和同一時間點的淳久堂（經過瓦姆帕姆，穿過明治通到對面）八樓童書區相比，兩邊客人數量有明顯差異。瓦姆帕姆的商品數量是淳久堂童書的一半左右，但業績卻是淳久堂的兩倍以上。雖然地點有差，但應該不只有地點的差別，就算地點能帶來人潮，但更重要的應該是因為負責人的努力有了成果。

所以這次我採訪了瓦姆帕姆的主任山井洋子，山井出生於千葉縣，一九八七年進公司。

「田口小姐在西武船橋店的時候，我在書籍區打工喔。沒錯，我們有一起工作過，不記得了嗎？」

採訪就在這意想不到的插曲中展開。船橋店，我是一九七八年到一九八四年在那裡工作，好懷念啊，那是我的書店人生中最快樂的時光。並不是說書店本身的工作比起其他時候更快樂，而是我在那裡結交了一輩子的至交好友。我們每天都在聊一些關於書的五四三、書店的八卦，或其他種種。我們午餐的時候聊，下班後也一起吃飯，每天就是聊個不停。現在想想，那時百貨公司6點關門，我們也能閒聊上一整夜。我的書店人生可以持續這麼久，我深刻地覺得是因為那段時期，我經常與能刺激我的友人們交流的緣故。

岔開話題了，讓我們回到山井的採訪。

「我大學畢業後進了LIBRO，一九八七年進入池袋店，我負責興趣類的書籍，非常地開心。一九八九年（消費稅上路的那年），LIBRO從百貨公司的樓上搬到現在的別館（當時的ＳＭＡ館）地下街，一九九二年公司將我調到訂書服務的部門一年（當時的部門取了一個時髦的名字Reference）。本來這個部門就已經非常忙碌，下訂單或是通知客人取貨，動作都要快，再加上那時候的客人經常客訴，所以光是應付那些抱怨就已經忙不過來了。」

訂書服務部門是幫客人訂賣場裡缺貨的書，在許多大型書店都是獨立出來的部門，平常總是要面對客人不滿的情緒，或是真的說出口的抱怨：「我以為這裡有還特別坐電車過來，結果你說沒有？如果現在訂還要等兩個禮拜？為什麼要這麼久啊？你們去出版社拿的話，今天書就可以到了吧？」如果平安訂到書、客人拿到貨當然沒事，但只要出什麼小問題，事情就會變得很麻煩。這是一個「吃力不討好的工作」，而且「那本書」沒有庫存不是訂書服務部門的錯，但卻必須跟客人說「對不起」。

有點跑題了，但前幾天就發生這樣的事情。

經過了很長一段時間，但客人訂的書遲遲沒來。於是我打電話給出版社，對方說：

「啊，那本書啊，漏掉了，忘記和經銷商說。」

在電話那頭滿不在乎地這樣回答的，是國文學系絕對會用得到的出版社W書房的大叔。喂，即使是說謊理由也給我編得好一點啊，這也做不到嗎？和客人道歉的可是我．們．喔！我們道歉時該怎麼跟客人說明啊？

訂書部門是發生什麼事情都不奇怪的部門，服務百貨公司的客人本來就很辛苦了，還要幫別的部門擦屁股，真的是難為訂書服務部門的員工了。

因為有人事費和電話費的成本，訂書服務部是個虧錢的部門，但是生意越好、庫存量越大的書店，越需要訂書服務。書店營收不好，客人訂書量就會減少，這幾年書店營收持續嚴重下滑，不過此時此刻我能感受到景氣似乎有點回升，換言之，訂書服務部門就是舞台背後的「賣場整體指標」。

文庫版增補　來店裡訂書的客人以極快的速度減少中。如今是以亞馬遜為主的網路購物時代，訂貨隔天書本就會送到手邊。雖然我們努力下訂單，想快速拿到貨，卻仍力不從心。

回過頭看開店的一九九七年，訂書服務的櫃檯在九樓的藝術書區，屬於我管轄的樓層，那時我壓力很大，工作上有很大一部分被客人訂單與聯絡客人追著跑，深刻體驗到時代的變遷。

LIBRO之所以會選擇山井進入賣場中最多客訴的部門，是想透過增加人手，讓部門在一年間重振旗鼓。山井的「手腕」被公司認可，而這或許是因為她擁有能判斷各種情況中的優先處理順序，這種「有力手腕」的能力。

山井終於來到「童書」部門是在一九九三年。但隔年她卻被調到錦系町店，後來她持續在中、小型的店鋪工作，重新回到池袋的童書區已經是二〇〇五年，這段時間裡山井結了婚還生了個兒子。

「我最初負責池袋店童書區的時候，其實都沒有認真讀過童書，不過那時出了《地海戰記4》，所以我就讀了，結果完全被迷住，很快就看完全部。」

從此以後山井沉迷其中，我確實也認為《地海戰記》以及《魔戒》是兒童文學的金字塔頂端。

「因為童書在不同店中的銷售量都沒什麼太大的變化，所以池袋店的進貨也很順暢吧？」

那時剛訪談完森的我，試著用輕鬆口吻詢問山井。

「嗯，確實像是《烏鴉麵包店》（加古里子，偕成社，一九七三年），或是《古利和古拉》（中川李枝子，福音館書店）等書在哪裡都賣得很好，不過池袋店果然還是最特殊的。」

「就像是百貨公司和超市的不同嗎？」

「粗略來說可能是這樣沒錯，不過會來池袋店買東西的很多都是為了送禮，使用黃金會員卡的比例也比LIBRO其他店來得高。」

西武池袋本店的主要客群是高級顧客。因為有閒錢，在送孩子禮物時會選擇「書」，甚至特別坐電車來買，那他們是以什麼標準在選書呢？

「說到典型客人的樣子，比較通俗的形容就是那種會在平日穿深藍色洋裝，對教育十分熱心的媽媽。說得極端一點，就是一位穿著體面的母親會單獨前來。其他還有像是喜歡童書的女性、週末全家一起來的客人等等。我隔了很久才回到池袋店，特別感覺這裡全年都像在過聖誕節，禮物包裝的數量也是以其他店都不能比的速度在增加中。」

來這裡的客群以30歲的已婚女性為主，知識水準較高，不會吝嗇將錢花在書上。

「也就是說，在這個賣場的客人不會買電視中出現的卡通人物。在這裡福音館書店出的書是全日本賣最好的。」

在此山井講了有趣的話。

「雖然最近大家都在談論電子書，但我認為童書不會受到影響。童書不會消失，絕對不會。特別是繪本，因為實在太多人以繪本當禮物了。」

哦，是絕對啊。山井這麼信賴日本大人們會買「紙本童書」啊。

「母親們首先會買自己小時候讀過，覺得有趣的書。」

沒錯，這個我調查過了。

「像剛剛說的《烏鴉麵包屋》，是四十年前的繪本，現在都還在賣，真的是超級長銷書。」

對，這個我也知道，我們賣場的尾竹清香曾說過她兩個兒子都十分著迷於《烏鴉麵包屋》，我也曾聽說這本在幼稚園十分受歡迎。

「而且事隔多年後，還一口氣出了烏鴉系列的《烏鴉點心店》、《烏鴉蕎麥麵店》、《烏鴉蔬果行》和《烏鴉天婦羅店》。」

身為門外漢的我十分疑惑為什麼續篇要等到四十年後才出，作者真的是從容不迫啊。我也連帶想到「蕎麥麵店」、「天婦羅店」等，感覺都是大叔才會去的地方，小孩子很少去吧，是想要將日本傳統食物介紹給孩子們嗎？當我在腦中不斷自言自語，思考這類多餘的事情時，山井繼續說道。

「《烏鴉》每本都賣得很好喔，雖然這四本的累計銷量還沒到一千本，不過已經快了——簡單來說，童書是回購率很高的類別，很多都是系列作。童書若賣得好，作者人氣可以維持很久，因為母親會傳承給孩子。」

山井也提到，《烏鴉》系列會賣得好的另一個重要因素，是由於偕成社巧妙的行銷手法。

「一次買四本會送托特包，所以有許多客人是為了托特包來買的。」

比起其他領域，童書業的行銷一直是比較溫和的，但現在也開始採用贈品大作戰等積極策略了。福音館書店最近也公布了新的計劃，他們會在《古利和古拉》出版五十週年時贈送迷你托特包當作紀念，童書業會以這個為契機，開始贈品大作戰的促銷戰爭嗎？

「說到童書，出版社的業務是很重要的。」

山井繼續說道。無論是多小的童書出版社，都一定有長銷書（也可以說正因為如此才經營得下去），而童書因為很薄，如果放進書架的話會很難找到，母親們要找到又薄又大本的書很麻煩，所以書的擺設方式對於增加銷量是很重要的，要讓書店的客人看得到封面。

「我常常聽到熱情地來到書店，人也不錯的業務，希望我們能平放他們的書，只放一小段時間也好。因為被業務這樣拜託，所以我就試著平放展示他們家的書，結果那本書真的賣得很好，我們也嚇一跳。但是若平放展示後也賣不出去，即使再被拜託，也不會擺第二次。」

「書店店員也是人啊。」

將直立的書平放後，如果賣得好的話，書店就會再平放久一點。在LIBRO賣得好的書，業務要在其他店做促銷活動時也會比較容易。這是做業務的基本，各種領域、各個出版社都希望自家的書被平放，不過童書的平台比其他領域來得寬敞，新書量較少，長銷書被平放的機率提高，無論哪間童書出版社都會進行「我們家的長銷書一定要被平放」的作戰。

山井想說的無疑是，什麼書會被平放，大部分取決於「人」，不是只取決於「實際業績（數據）」或是「出版社的行銷力」而已，所以在童書中仍留有「書店業務的傳統」。會特別提出是因為最近出版業景氣不佳，考慮要從業務開始削減人事費用。出版社也因為考慮到效率，取消了在新書發售期以外的巡書店工作。看臉就知道是誰的業務如今已經寥寥無幾，而聽都沒聽過的出版社則大量增加中。

書店這邊也存在著業務減少的原因，最主要是因為有下訂權力的員工很少，而有權力的員工工作時間長，難以和業務約好時間見面。即使能見上面，也會因為太過忙碌不能閒話家常，明明有些暢銷商品都是從閒聊中發掘出來的，出版社的業務應該是提供消息的來源，但書店最近越來越內縮，只會盯著電腦看自己公司的資料。

我們繼續童書的話題。童書這個類別，會配合孩子的聖誕節或暑假作業的閱讀書目舉辦許多活動，書店與出版社之間的往來也會很頻繁，如果不常往來的話很容易就被別的出版社取代。因此業務會頻繁製造「我來調查庫存狀況」等見面的機會（事實上，我拜訪了瓦姆帕姆好幾次，每次都會看到來調查庫存狀況的業務），業務想要和書店建構信賴關係。在童書的領域中，「製造與販售」的兩端仍是由「人」所聯繫起來。不、不，雖然光憑LIBRO的例子就這樣判斷似乎太輕率了，但至少在LIBRO的童書區，不，是至少山井似乎還維持這種人工書店營運模式，昔日我正因此特點而待在LIBRO。在這個營收不斷下滑的書店業中，還能夠充滿朝氣、斬釘截鐵地說：「電子書絕對不會在童書領域成功。」的山井，或許能成為「一股清流」吧。

「總之，因為購買和閱讀是不同人，所以買的人，也就是大人會想要聽其他人的意見，店員經常會被問說哪本書比較好。」

也就是說在一間書店裡，資深員工多的店就是業績比較好的店。嗯，這會成為差距的循環呢，雖然我是這樣想的，不過這念頭先放到一旁。

首先，大人們會買的是自己在童年時讀過的書，那然後呢？

「接下來是『賣得比較好的書』。」

「年度暢銷書之類的？」

「嗯就是如此。比方說聖誕節時暢銷書就那幾本，像是《古利和古拉的聖誕節客人》（福音館書店，一九六七年），或是《聖誕老爸》（雷蒙德・佈雷格斯，福音管書店，一九七四年）。長紅暢銷書佔了大多數，不過最近這幾本必買的聖誕節繪本人氣沒那麼旺了，相比之下，將年度排行榜做成海報，將書擺出來還比較賣。特別是榜上的第一名，第一名的銷售量會遠遠超過其他名次。」

和「書店大賞」一樣，客人只會將目光放在第一名的「書店」，沒想到原來童書也是嗎！

「我們發現，平常只要人在店裡，就會被問選哪本書比較好。但舉辦排行榜活動時，來詢問的人就會變少，客人會覺得排行榜就是不錯的參考情報，那麼就選第一名的那本。」

「那是否可以舉出銷售情況很有趣的書籍例子？」

「嗯，繪本《分享椅》（香山美子，Hisakata Child，一九八一年）吧。雖然很老了，但是十分長銷，當平放在書架上，然後寫上『年度排行榜繪本類第一名』的宣傳標語時，就更加暢銷。」

山井繼續說。

「童書系列作原先就比較好賣，如今賣超好的《神奇樹屋》（瑪麗・波・奧斯本，Media Factory・隸屬角川），既是探險也屬於奇幻類，已經出了34集（二〇一七年出到42集），但只要新的集數一出仍然賣很好。不過說到最大的系列作仍然是圖鑑類吧，雖然這幾年有些變動。」

「學研將十五年前的圖鑑重新出版，也就是New Wild系列，真的是賣得非常好，引起了大家對圖鑑的興趣。小學館出了《圖鑑NEO》也獲得巨大成功，還有10×10矩陣計算練習法的那個誰？（我也不太記得了，後來去查是陰山英男）那位老師說圖鑑不是放在小孩房間裡的東西，而是要擺在客廳，大家看電視的益智節目時，可以一起翻開來查找。他這麼說之後，圖鑑就更暢銷了。目前為止的圖鑑都是用種類區分，像是昆蟲、動物、宇宙等等，後來小學館出了《超級比一比》和《不思議》等以關鍵字分類的圖鑑，也十分暢銷，這個市場就愈發蓬勃了。」

「原來如此，那最近還有什麼其他改變嗎？」

「嗯，原本不是寫童書的作者也加入，像是岩井俊雄等。」

這位作家出版了《100層樓的家》（偕成社，二〇〇八年）、《奇奇怪怪真奇怪》（紀伊國屋書店，二〇〇六年）等書。

「還有畢達哥拉斯的知識開關（NHK・ETV）的佐藤雅彥。」

這位作家出有《畢達哥拉斯的知識開關》附DVD、「Kongaragacchi系列」[1]（小學館）等。

從其他領域的作家跑來寫童書會成為話題這點來看，能感覺到童書領域的封閉性。藝文書則早就如此了，特別像劇作家或編劇，最近紛紛跳來寫藝文書。

「但是做繪本不難吧？例如要呈現困惑的意思，只要畫張孩子嘴巴張大的

---

1 譯註：給小孩學五十音的繪本，將各種動物的頭和身體配對，合成新的生物就稱為「コんガらガっち」（Kongaragacchi）。

圖就能表達，表現可以直接簡單。」

「田口小姐，不可以把小孩子當笨蛋喔，孩子的感受豐富，是非常厲害的讀者。」

「也是，正因為簡單所以困難，是這個道理吧？」

「不只是如此，舉例來說，有一間知名大型出版社出版的繪本，將橡實和蒲公英畫在同一頁，妳不覺得奇怪嗎？季節完全不同吧？我和編輯反應，他卻很輕佻地說沒關係，這給小孩子看的嘛。這是錯的。雖然這種事不常發生，不過妳看一下這個。」

山井將我拉到賣場裡，打開《小金魚逃走了》（五味太郎，福音館書店，一九八二年），裡面有一隻金魚在小魚缸裡游來游去，後來金魚逃到了許多地方，窗簾上、花圃中、房間裡，最後牠來到了一個大水缸，和許多金魚一起游來游去。

「當我讓我家的孩子唸這本書時，他對我說，金魚因為一個人所以很寂寞，牠後來找到朋友，就不會再逃走了吧。孩子的感受真的很厲害，是非常優秀的讀者。所以一定要好好做童書，我總是會對來買書的孩子鞠躬致謝。」

好的，實在很抱歉。

山井從她的教育理念出發，認為給孩子書的大人「似乎有些搞錯了」，孩子自己就有發掘的眼光，她在心中對孩子們說著：「你們真的很棒。」

話題扯遠了，回到別的領域的作家上面來。我和山井不同，我認為日本童書的編輯方式已高度發達，但可能也比較保守，當其他領域的人們有創意，或試圖想加入時，就變得比較消極。不過這道障壁正在慢慢降低中，童書界似乎也開始希望組織「各領域專家」，不知道這樣解釋對不對。嬰兒數量越來越少，是該有相當的危機感才對。若能將日本科學家、技術專家、經濟學者、音樂·小說家和童書編輯技術結合起來，應該會誕生水準非常高的繪本。這是只有童書才有的「製造方式」吧。

除了加入了其他領域的作家或藝術家，還有什麼變化嗎？

「有知名的大型出版社開始耕耘兒童文庫這塊，像角川的TSUBASA文庫（二〇〇九年三月創立），集英社的未來文庫（二〇一一年三月創立）等等。」

原本兒童文庫（雖然稱作文庫，但其實是一般開本）的主力是岩波書店和講談社等這些童書出版商所出版的書籍，但經過很長一段時間後，這個文庫的立場開始產生一些微妙的不同。

以角川TSUBASA文庫的陣容來看，《野球少年》（淺野敦子）原本是由教育畫劇出版的童書，每新出一集就越受到歡迎，最後被角川文庫收購，將讀者群擴大到成人，當變得更為暢銷後，再歸於兒童文庫的TSUBASA文庫中。《我們的七日戰爭》（宗田理）同樣是類似的路徑。也有的是從角川書店最擅長的輕小說領域選出來的，像是《涼宮春日的憂鬱》等等。只要是自家出版社賣得好的書、想給小孩讀的書，就會被重新改編進入TSUBASA文庫，這可說是角川的基本路線。換言之，就是將人氣小說改寫成讓孩子們易讀的形式，雖然新作品和經典混在一起，但特徵大致上是這樣。畢竟再怎麼說，這些都是龍頭級的綜合出版社，所以能夠從廣泛的領域中選書。

山井說從「封面設計」可以明確看出來TSUBASA和未來文庫與其他兒童文庫的不同，為了吸引孩童而採用動漫風的插圖，例如《愛麗絲夢遊仙境》這本書，和其他文庫相比，小孩子們就會選擇TSUBASA文庫的版本。最近講談社也在逐漸改變青鳥文庫的封面圖案。角川書店總是會採取精明的戰略，集英社則是追趕在後面，吸取各家特長。

順帶一提，這種以漫畫風設計的封面圖案，在給大人看的文庫本或小說中已經很普及了，像是《傀儡之城》（和田龍，小學館，二〇〇七年）若沒有小野夏芽的封面繪圖，就不會賣得這麼好，我們書店店員私下都是這樣說的。還有二〇一〇年爆紅的《如果高校棒球女子經理讀了彼得・杜拉克》（岩崎夏海，DIAMOND社，二〇〇九年）也是如此。

因為有所關聯，我也調查了藝文書樓層的小說區中，有多少書的封面圖案是漫畫插圖（至二〇一三年八月下旬）。在小說區有一百零二本書，其中漫畫封面有十二本，大概是佔一成多。各種領域都有，從現代文學、推理小說到時代小說（二〇一七年九月時，一百本中有二十九本，我想接下來只會更多）。

從數十年前開始，大家就呼籲要給小學高年級到國、高中生看「下一個時期的讀本」，而不是繪本、童話。一時之間，「青少年文學」的領域似乎有望在日本生根，身為中堅分子的出版商也為此到處奔波，但結果卻不如預想。無論在小學時多麼認真舉辦「晨間閱讀」，之後也會產生「讀書空白期」的中斷，這種教育擔憂持續至今。

輕小說也好、手機小說也好，其實原本都是看準這個市場而誕生的。從輕小說、手機小說出乎意料的銷售情況來看，我想這是由總是會見機行事、以文庫等級數量自豪的角川書店，加上因為有Cobalt文庫，而熟知如何製作低年齡文庫的集英社，這兩間公司帶動了認真挖掘這年齡層的風潮。由漫畫到輕小說，由童書到兒童文庫，這些出版社以這樣的路徑獲得成功，但由文學到青少年文學的路徑卻無法成功，這就是日本。

山井像是要補充我的想法般，說了下面的話。

「但是，青少年文學這塊並不能說是消失了。我覺得講談社的『YA! ENTERTAINMENT』繼承了這領域，像是勇嶺薰的《都市冒險王》非常受到歡迎，無論大人小孩都喜歡。還有上橋菜穗子（獲國際安徒生文學獎）的《獸之奏者》（講談社文庫）、《精靈守護者》（新潮文庫）等系列，都表示了日本也有優秀的兒童文學。」

「但是，像這類大型知名出版社的書，出版文庫本之後，讀者就會跑去買定價較便宜的文庫本，讓精裝書陷入苦戰。」

原來如此，原來童書也步上藝文書的後塵了，我再次這樣想到。

但在成為大人版單行本、提高市場價值的書籍以前，兒童文庫本讓這個年紀的孩子花點錢就能買到書，進而培養出閱讀的習慣，就結果而言是不錯的吧。這個時代沉迷於電玩或ＳＮＳ的孩子數量驚人，我總是看到孩子不安於一個人，所以希望他們能體會到獨自閱讀的快樂，如此一來父母親的擔心也能減輕一些吧。

我們淳久堂也是，或許差不多是時候統合放在漫畫區的輕小說，放在藝文類次文化書區的手機小說，部分放在小說區的輕小說，以及在童書區的兒童文庫了。

最後我嘗試詢問山井關於「簽書會」的活動，答案也非常簡單。「以前沒做過簽書會呢。」

好的，訪談辛苦了。

到這裡山井的訪談就結束了，LIBRO池袋店童書區是唯一一個能斷言「不會輸給電子書」的領域。我猜會有許多人想說，若看了這種黃金地段大型書店的故事，讓人誤以為景氣好該怎麼辦？但是根據不同書籍領域佔全銷售比的數據（日販調查），若比較二〇〇六年與二〇一五年的話，二〇〇六年童書佔全體的3·6％，二〇一五年則提升至5·4％（二〇一五年的銷量與去年度相比，則增加了3·2％），這還是個要擔憂孩子數量不斷減少的市場。順帶一提，雖然讀者群的年齡不同，但同樣都是書籍類的「文學·非小說」領域，與去年相比，銷量下降15·78％，光用看的都覺得悲慘，現實化成了實際數字。

我樂觀地相信，在這段地點好、景氣也好的對談中，埋著一、兩顆向前看的種子。而且童書是無論在多小的街上、多小的書店中都一定會有的類別。童書是個只要花心力，就還能好好延續下去的市場。但是，若雜誌市場雪崩，出版的整體基礎粉碎的話，也會帶給童書這個弱小市場巨大的影響吧。

這也不單是童書的問題而已，我將會在別的議題中討論。

文庫版增補　訪談後的兩年後，LIBRO池袋本店就面臨倒閉的命運。山井現在在地方郊外的書店當店長。池袋店消失的經過我會在番外篇說明。

語言中有力量的排序

探索「國語・日本語學」書區

我跳槽到淳久堂池袋店是在一九九七年，距今已經超過了十五年。期間我在不同樓層間流轉，從藝術書、新書和雜誌，到文庫與藝文書，其中待最長的是我目前負責的藝文書，已經超過十年了。因為我現在是保駕護航的身分，所以沒有負責藝文書區的精華「日本文學」，而將這部分交給王牌店員小海（勝間）裕美與田村（信井）友里繪，我自己則悠閒地負責有點麻煩的領域，兩年前是海外文學，現在則是古典文學、藝文評論以及「國語・日本語學」。

我從上一位負責人手中接過這區時，經常盯著「國語・日本語學」的書架看，從負責人的眼光來看的話，不懂的事情還真多。最一開始，我不懂的是「研究國語的國語學」和「日語的日本語學」有什麼不同。標榜「國語學」的書，裝幀幾乎都很古老，看版權頁的話，即使是最新的書也是九〇年代出版，最多至二〇〇〇年初期，之後出版的書名幾乎都被「日本語」取代。「國語」的文字排列方向是直書，「日本語」則大致上都是橫書。為何是橫書？我又有了這樣的疑問。日語書基本上都是直書吧！

我像平常一樣和同事小海裕美在書架前聊天，我猜想古典文學之流的研究是國語學，英語系或其他語系多為研究日本語學？還是說，最近因為許多外國人來學日語，出了非常多日本語檢定之類的書，所以沒辦法說這是國語學？當我們在那裡瞎猜的時候，突然有位女客人插話道。

「不是這樣的，這是因為現在基本上已經不用『國語學』來表示，學會名稱改成『日本語學會』，大學的科系也是『日本語系』。」

「咦？這是從什麼時候開始的？」

「學會是五、六年前更名的（正確來說是二〇〇四年），現在已經不是說著『國語』又封閉國門的時代了，世界語言學中的一個領域就是日本語研究。」

原來是這樣，抱歉了。身為無知的書店店員真是丟臉，雖然在負責新領域時，我為了準備好再上工，還有向年輕人請教過。我想自己是位不認真的書店店員，都只是為了應付場面，雖然我反省過但沒救了。

客人的意思就是國語學也全球化了。但後來我仔細思考了一下，這絕對不是在二〇〇四年的時候突然說「轉換！」就轉換的，而是到二〇〇四年為止的一連串攻防過程吧。像是這樣：

「我們國家研究國語的歷史已經很古老了，從平安時代就開始了。江戶時代本居宣長建立文法體系，也是從國學一脈汲取——」

「不，即使這樣說，鑑於現狀，作為國際視野的語言學，我們迫切地需要日本語——」

「小學的課程是國語吧？國中學的文法是國語文法吧？高中也叫做綜合國語（現在好像是這樣稱呼）吧？都是用國語來表示，結果上了大學後才改為日本語——」

但是語言築起的建築物——文學，早就是用「日本文學」來稱呼了，「國文學」則是指日本古典文學，所以這種分類之爭本來就會發生在「日本語學」上面，我認為還太晚發生了。

因為我看熱鬧的好奇心越來越重了，所以調查了一下，發現全十三卷的

《講座日本語學》（明治書院）系列，是在八〇年代出版的（現在絕版了）。雖說如此，書名為「日本語」的書多半還是給外國人看的，而真正的研究類書籍則是從九〇年代開始，到二〇〇〇年後一口氣增加許多。給一般讀者看的語言聖經則變身更早，如今書架上幾乎都以「日本語」為名。

在出版界中「國語」之詞並不是消失了，「國語・國文學出版會」的出版團體仍然健在，夾在書裡的補書條上，也經常會看到類別寫著「國語學」。

我記得在開店時（一九九七年）「國語・日本語學」的書區確實是被分在人文書籍的語言學類中（我也有另一個印象，這是語言學書籍中的一個分類，明明才過了十五年，我就老化成這樣了），不過在二〇〇一年擴建的時候，分類做了調整，最後就變成了「藝文」類，也可以說是受到各個類別間數量調整的波及。語學出版社的業務就說：

「這只能放在藝文分類了，雖然有古典文學，也有文藝評論，但不會太奇怪。」

他說了這類含混的話。比起這樣，我更希望他說，因為這個類別是形成作品（小說之類）的「語言」法則研究，所以放在這裡。可能我有點太強人所難了吧。

如果語言相關的書能都在同一個樓層就好了，在思想類的書架（四樓）有「語言學．語言思想」，在語言學的書架上（八樓）有「給外國人學日語的書（以日本語檢定為主）」和「辭典為主的書」，而藝文書（三樓）則有「國語．日本語學」的書區，以文法為主；還有方言、敬語、發音（順帶一提音樂類則是在藝術書區）、語言相關文章，以及論文或小說的寫作方法等等。

語言學像這樣分散在各個樓層，讓客人十分困擾。新書要上架時，也時常讓員工感到徬徨，難以決定放置書區。像是去年（二〇一一年）十分受歡迎的《古典基礎語辭典》（大野晉，角川學藝出版），新書進貨時店員們就十分困惑該放在三樓還是八樓。

不只因為「國語學會」的名稱變成了「日本語學會」，在很久以前，書店有英文、法文和中文的語言學樓層是很自然的事情，我現在眼前的書架全部都是7×9的大小，能容納的書籍數量極多，難道沒有空間容納語言學了嗎？

剛才我寫到有位女性客人插入我們的話題，過去在這裡我也有好幾次類似經驗，一定是因為這領域的客人多半是老師的關係，身為書店店員必須更認真用功才行。說起來，很久以前有位專業書籍的負責人告訴我：「在書架前不可以說『這個不知道、那個也不知道』，會被客人瞧不起的，而且這裡是將專門書籍當作招牌的書店啊。」我長期習慣看著藝文書並在書架前將想的事情說出口，因為藝文書是我的棲身之所。我以後應該要先確認左右無人後再說出「不懂的事情」，之前的我會因為太過忘我而忘記確認。

我問小海（大學學過文法，雖然是十年以上的事情），「コロケーション（collocation）是什麼意思啊？和コミュニケーション（communication）好像，是親戚嗎？」

她冷淡地回答我：「不是這樣，田口前輩，因為是由co和location組合而成的，我認為應該和位置什麼的有關吧。」

但是她也沒辦法回答得很清楚，我的疑問是從《日本國民用語大全集》（學研，二〇〇六年）這本書開始的。

「是這樣的。」結果旁邊一位女性客人馬上插話道，插話的總是女性。

「舉例來說，去學校我們會接『去』，不會接『讀』。說到電影的話，動詞是『看』或『製作』，這些可以說是語言自然的連結。以前都沒人注意到日語的這些連結，但自從和英文有了比較研究後就開始受到矚目。這個概念是由英文文法中產生的，因為沒有好的翻譯，就直接用片假名（原文發音）表記。」

原來如此，我深深感覺到我的不用功。

像這種意義不明的片假名，也就是用日語勉強表現英文的書，在書架上有越來越多的傾向。所以橫書的書才會變多啊，我同時也明白了這件事（也有越來越多和英文比較的書出現），如今日本語已經是世界語言研究的一個領域。例如說有一本《溝通及配慮表現 日本語語用學入門》（明治書院，二〇一〇年），什麼是「配慮表現」呢？調查後我才知道這是九〇年代前後，當「禮貌理論」被介紹到日本，學者開始這方面研究時發明的用語，我們熟悉的敬語就是配慮表現。如果是這樣的話，為什麼不稱敬語就好呢？因為配慮表現指的是為了與對方關係變好所使用的表現方式，並不是只有敬語，所有包含這領域的用語都稱為「配慮表現」。好的，我明白了。接下來，我又必須調查什麼是禮貌理論，什麼又是語用學。

《語法結構與文法關係》（黑潮出版，二〇〇五年），語法結構是什麼？我試著翻了一下，這是「日英語對照研究系列」中的一冊，原來如此，語法結構是英語學、文法的用語，英文是syntax structure。最近突然增加許多這種文法組成的概念。

《用鑰匙開門 日語的無生物主語他動詞文之介紹》（笠間書院，二〇〇九年），原來還有無生物主語這種說法啊，感覺就是很不自然的詞彙。

沒錯，日本語學核心的日本語文法中充滿「全球化概念？」，像是aspect（相）、tense（時制）、modality（法），我一邊自覺英文程度低落，一邊慢慢學習。雖然我覺得自己大概懂tense，但這不是稱為「時制」嗎？不過「時制」的概念確實是在英文的課堂上學到的，而非國文課。那個「曖昧語」是什麼？曖昧語不是直接拿英文來用的詞彙？那「副助詞」呢？我越來越搞不懂這是本來國語學就有的用語，還是新創造出來的詞彙了。

我的腦海中不斷搜尋國中（應該是）學習文法的記憶，但還是很迷糊。能夠明白的只有眼前的例句，原來是這樣解釋、分析的，原來可以分類啊。撥開學術用語的山丘，透過類推好像能夠理解，然後再繼續前進——雖然眼前的食材是現在的我可以理解的日語，可是烹調方式太多種了，進入語用學這種思想領域時，我的腦袋就會突然當機，要讀懂這個領域似乎會相當花時間。

我常一不小心就在書架前思考各種事情，書架前也會發生各種事情。

今年，二〇一二年九月，或許更早之前，可能是夏天吧，當我在整理「日本語學」的書櫃時，某日本語學研究者的全四冊書不在平常的位置。咦？賣掉了，還是收起來了？當我確認電腦資料時，卻顯示「尚未賣出」。等等，我記得大約一年前也發生過一樣的事情。沒錯，那時這四本書被藏在其他書架上。第一本在同一個書櫃的最下層，第二本在背面的藝文評論書架中，第三本則在第二本對面的書架上，第四本藏在哪我想不起來了。這次的犯人一定也是同一位。我一邊這樣想一邊到處尋找，不過這是二次犯案，犯人也許針對藏書地點下了番工夫，我到處都找不到。因為還有其他事要處理，只有空閒時才能找，於是也拜託其他店員幫我留意。最後找到書時已經是隔天的事了。書本被隱密地藏在近代文學的書架上，幸好不用大費周章跑到別的樓層。這次也有一本新出的自傳下落不明，為了找到這本書，我花了大約一個月的時間。

一定是書區的負責人心不在焉沒有注意，被人趁虛而入，這種批評真是一針見血，但這難道不是非常可惡的事情嗎？而且一年後又再度犯案，感覺是基於某種信仰而犯罪。如果是學者犯案的話，還真是意外地辛苦呢，畢竟他們生活安逸，不知人情事故，已經被塵世污染的我嫉妒地想。如果發生這種事就同情他們吧，還是說犯人是為了隱瞞什麼私事？像是「小三問題」等等。不會吧，即使做出這種事情，也只有我會發現而已（而且還鉅細靡遺地寫進書裡）。

通常提出劃時代理論或具挑釁性質理論（態度）的學者，其生徒們都會受到冷遇，學問的世界似乎往往是如此。如此說來，在我負責這書架的最一開始，出版社的業務有跟我講解過三上章的代表作《大象鼻子長 日本文法入門》（黑潮出版，一九六〇年，六四年增補改訂版，一九八四年）這本書。三上章在很長的一段時間裡，一邊在國中當數學老師，一邊埋頭研究日語文法，生前在日本學會的評價很低，但在他死後四十年的今天，大家不僅積極地重新評價他，他更可以說是成為現在日本文法研究的主流。關於他的詳細事蹟記載在《抹殺主語的男人》（金谷武洋，講談社，二〇〇六年，如今絕版）一書中，但即使是這本書，學會的評價也很分歧，這麼說來，學會是什麼伏魔殿嗎？

我又想起一件事情，先前有提到，這一年持續熱賣的《古典基礎語辭典》的編者大野晉也是如此。對我們來說，《日本語練習帳》（岩波新書，一九九九年）是暢銷書，他作為一位國語學者老早就十分出名，也有知識分子稱他是立於國語學的最頂端，但他在學界獲得的待遇卻不成正比。我讀了他的傳記《孤高 國語學者大野晉的生涯》（川村二郎，東京書籍，二〇〇九年，現在為集英社文庫）之後，默默地受到感動，原來「學者」是這樣的存在啊。

我前幾天讀了一本有趣的書《詳解日語架構》（町田健，研究社，二〇〇〇年，二〇一二年六刷），這本書舉出國中所學習的國文教科書與參考書中「不充分、具有矛盾」的例句，認為現在學校的文法沒有完美解釋日語的架構，接受這種教育的學生會變得討厭文法吧。他引用對學校文法有重大影響的橋本進吉（一八八二～一九四五）、時枝誠記（一九〇〇～一九六七）、大野晉（一九一九～二〇〇八）三位的學說進行論述批判。順帶一提，這本書的最後一章在說明何為「町田文法」。町田健是位語言學者，主要研究索緒爾學說、法國語言史，與文法有關的著作還有《理解生成文法》（研究社，二〇〇〇年）。

外行如我，也可以相當程度地理解這本書所說的町田理論。但不能因此就說這三位的學說本身有誤，橋本進吉和大野晉是師徒關係，透過研究古典文學（特別是上古）構築出「國語學」。我的理解是，研究日語的源頭是基礎，再從這個基礎延伸出的學問之一就是文法。時枝誠記批判當時流行的索緒爾學說，主張日本傳統的語言觀，支持從「言語過程說」（雖然我的腦袋跟不上）的語言基礎理念研究文法，而不是透過現在認為重要的實例累積及分析。

雖然這是我每天和書櫃大眼瞪小眼後的想法，不過我認為當前日語文法的主流是「現在正在使用的日語這個語言本身，還有在字與字的連接中能找出什麼樣的法則」的研究。國語學或日本語學，說到底都不是語言學這個大體系中的一部分，雖然也有學者把它們放在日語的歷史來看，但大致上來說，這是「實用日語研究」。若集中精神傾聽書櫃想說的話，我聽到的是這種聲音。

和許多學問一樣，日語也還在發展中，無論這三位大師在近現代的國語學史上有多傑出的研究，但研究仍會隨著時代產生變化。「國語・日本語學」就是這般深奧。沒有積極將慢慢明朗化的日語文法放入教科書中的文部（科學）省[1]，難道沒有問題嗎？順帶一提，大野晉也參加過國語審議會，但似乎難以對付文部省的官僚（出自《孤高》）。

為何我對日本語的書櫃如此執著呢？無論什麼研究領域都會有新的海波捲起，經常在變化（進步？）著，無論什麼領域都不存在固定的體系，即使是日本語研究也不例外。而且這個領域在日本是從一千年前就開始累積，研究的架構已經大致確立下來，無論「以世界為中心的研究」如何改變，都還是在這個

1 編註：文部（科學）省簡稱文科省，是日本中央省廳之一，負責統籌日本的教育、科學、學術、文話與體育等事務。

架構裡面。而且有「日本語研究」的話，教科書的日語本身應該不會有絲毫動搖才對。不，真的不會嗎？

《日語滅亡之時　在英語的世紀中》（水村美苗，筑摩書房，二〇〇八年，現在是筑摩文庫）這本書一直在我腦海中揮之不去，擔憂的情緒向我襲來。

這本書完全吸引了我的注意力，文章以「語言是力量的排序」這個肯定句開始，接著說「語言正在發生史無前例的兩項異變」，並向讀者介紹這「兩項異變」，雖然有點長但我摘錄於此。

第一，是「現在地球約有六千種語言，但預測其中超過八成會在這個世紀末滅絕，雖然在歷史長河中，有許多語言誕生又消失，但如今語言消失的速度遠遠勝過誕生。（中略）由於人口集中到都市、傳播手段的發達，以及國家的強制，語言以前所未有的速度消逝。」

第二，是「英語成為世界的通用語」。語言漸漸合而為一，在那樣的世界中只會有「一種」語言，作者斷言那就是英語。勝利的是英語。

我的不安越來越嚴重。

《孤高》中記錄了出類拔萃的學者大野晉的一段話：

「誕生成長於日本這個國家，使用日語的能力被認為是自然就學會的事情，但語言並非只是如此。在日本，老師甚至會用考試的手段讓學生記住外文的發音，但不會教日語的發音，你們不認為很奇妙嗎？國語教育被如何輕視，光是看這點就能明白了吧。」

「光喊著口號說要守護日語是沒有用的，因為語言跟在優秀的文明後面，若想要守護日語，要像『卡拉ＯＫ』一樣，創造出讓這個世界的人都喜歡之物，或是創造出讓人覺得『這個想法真厲害』的理念，我認為只有這兩條路可以選擇。而這種發明或發現的基礎就是國語，所以我們從以前開始就不斷說請努力學國語，小學請停止理科或社會科的授課，讓學生好好閱讀這些與課程相關的文章吧。」

是不是已經沒有會不斷大聲疾呼日語教育重要性的學者了？還是說日語要滅亡了嗎？

我每天都佇立在書櫃前。

增補　二〇一四年一月底，《令人吃驚的日語》（羅格・波爾弗斯，集英社）出版了，作者生於美國，國籍為澳洲，職業作家、導演。他的作者簡介寫著「在日本生活了快五十年」、「旅行於日本各地，對日本及日本人的特質與獨特性感到驚訝」。

「日語」潛藏於「日本及日本人」的基礎之中，這本書是對「日語」的讚歌。發售過了一個月後，這本書帶動起熱潮，開始出現書評，在書評的字裡行間看得到「等這樣的書好久了」的感想。

也可能是這本書的讀者群和本店的客群有重疊，所以即使是低調的領域也意外暢銷，不過即便如此，也只是一個月賣一百多本的程度罷了。

番外篇

對書店來說美是什麼

——LIBRO池袋店的四十年

三月四日《每日新聞》刊載了一篇報導『體現Saison文化——「新學院」聖地LIBRO池袋店六月閉幕』。雖然從二月開始，謠言就不斷在業界流傳，但親眼看到報導對「我們」的衝擊還是很深刻。

「我們」是指誰呢？一九七六年進入西武百貨書籍部門（一九七五年成立）、一九九七年從LIBRO離職的我包含其中。通過《每日新聞》以及五月十一日《朝日新聞》「設計過的書區　難懂的書也能賣」的報導可知，曾參與或記得LIBRO池袋店書店時期的消費者們，都是我筆下的「我們」，有在此工作過的書店店員們當然也是。為了他們，我想將「LIBRO池袋店」記錄下來。

我離開LIBRO近二十年，但我想了解「八〇至九〇年代前半的LIBRO（後以池袋店稱）」的事情，所以拜訪了以福田和也為首的幾位「文化人」。我這次也和《每日新聞》、《朝日新聞》的記者們稍微聊過，從兩位記者的身後偷看到好幾位「那個時代經常往來LIBRO的記者們」的身影。啊啊，我暗自猜想，是因為他們對LIBRO的惜別之情，才來寫這些報導吧，這是比什麼都好的餞別。

除了眾多員工，創造了「那個時代的LIBRO」正是君臨書店的中村文孝及今泉正光，還有在背後支持兩人的社長小川道明，加上真正想法依然不明，卻間接對書店存亡有最大影響力的堤清二。

堤清二作為一位經營者，沒有這方面的自傳，更不要說留下關於經營論的整理，所以本文提到堤清二的言論都只能是推測，這點我必須要先聲明。不過幸好小川他們都有出書，雖然書名讓人感慨萬千，小川有《書櫃的思想》（影書房），今泉有《「今泉書區」及LIBRO時代》，中村有《LIBRO還是書店的時候》（二〇一〇、二〇一一年發行，兩本都和小田光雄合著，論創社），我會一面寫這篇文章，一面參考這些書，但這篇文章和拙著《書店魂》（書之雜誌社，現為筑摩文庫）中許多的「LIBRO故事」重複，還請見諒。

西武百貨書籍賣場（一九八五年作為LIBRO獨立）開幕於一九七五年，位於十一樓。當時的稱呼是西武Book Center（下面簡稱西武BC），面積三百坪，在當時東京書店中排名前五（順帶一提，淳久堂池袋店現在宣稱有兩千坪）。同樓層有專賣詩集的書店「Poem・Parole（ぽえむ・ぱろうる）」，十二樓是西武美術館，這層樓有專賣美術外文書的書店「ART VIVANT」，這個美術館，以及美術外文書、詩集的目標都是：「定位出LIBRO的特色」，更重要的是，LIBRO的特色必須是由「優良的標記」所組成的。這就是西武百貨店，堤清二的西武。

LIBRO是因為西武百貨的老闆堤清二的「決定」才出現的（在這之前都是讓有鄰堂進駐），無論在當時還是今天，沒有一間百貨公司有自己經營的大型書店，因為出版品是利潤最低的商品（我被百貨公司的人這樣狠狠說過），但是堤卻下了這樣的決定，並且委託他認識許久的好友小川道明管理書店，這便是一切的開端。

我在開幕後的隔年進入西武ＢＣ，小川道明對我說過好幾次：「我希望來我們這裡買書的客人，在回去時能順道在百貨公司裡逛逛街、買買東西。」換言之，西武ＢＣ必須是一間「將百貨公司的空間極致利用，並替百貨公司招攬新客人」的書店。畢竟書籍部門是「最小的部門」，同時也是「虧損最嚴重的部門」。小川也說：「即便有堤先生在，他也不會允許一直虧損，我們必須創造盈餘，要能夠獨立才行。」百貨公司的高層總是在暗地裡指控小川是「米蟲」，但小川自負的底氣是「堤清二選擇了我」，以及他也強烈希望「創造出一間有支持價值的書店」。

將小川的意圖表現在書店現場的人，是開幕時就進來的員工中村文孝和一九八二年被分配到池袋店的今泉正光。

中村說：「一開始是全部都交給日販（經銷商，和東販兩間公司幾乎瓜分了日本的出版流通市場）來做。」畢竟是突然決定要自己經營書籍賣場，所以招募來的員工裡面，有書店經驗的人不過兩、三位，直到書店撤場前都是和日販合作，但這也成為後來撤場的一大原因。

賣場中有一個巨大的（約兩坪）大理石平台，這是新書平台和展覽空間，當時的書店還沒有書展的概念，所以中村採用了百貨公司的提案，百貨公司對於活動預算的支出毫不手軟，當時的開店活動是「未來社的全部書系展」，西武BC想要將「有骨氣的書店」這種形象根植在愛書人心中，公開主張「這不只是百貨公司內那種親子書店」。之後相繼出現不同企劃，宣告這裡誕生了一間「新的書店」，收集了一般書店很難入手的書，像是「一人出版社的書」、「企劃PR誌」等等，還販售「芭蕾舞的書」，這種書即使在其他大書店也不會成為一個分類。同時，西武BC利用百貨公司的配送將DM寄給全國的芭蕾舞團。我們也舉辦舊書市集，在開幕隔年蒐羅「地方・小出版流通中心」的出版品，利用百貨公司的活動場地展示販賣，電視台也來採訪過。西武BC店為既有的出版流通系統注入活水，這間書店的存在就這樣慢慢地為世人所知曉。因為我們不斷想出其他書店沒辦過的企劃活動，所以帶動了話題，百貨公司高層的看法也變成：「這是老闆的愛子，雖然對我們來說是繼子，但還算有點用處。」

西武ＢＣ於百貨公司立足後，西武百貨開設許多分店，為了在各店中開設書籍賣場，中村轉調到總部，取而代之的就是今泉。那是一九八二年，今泉在前一個部門任職時，經常活用自己從學生時代培養起的人文書造詣，嘗試融入當地的文化，小川對今泉的能力十分讚賞。小川原本就是「這個領域的人」，和堤清二是同類，也就是戰後高舉著民主主義的（左翼）知識分子，相信「書的力量」，特別冀望人文類書籍成為賣場的支柱。

此時是後現代主義、新學院派的八〇年代，在我的拙著中也曾引用過這段話：「後現代主義的思想（略）在八〇年代中期，與其說年輕世代的流行思想，不如說在大學外也很流行，然後一起隨著時代被忘卻。日本的後現代主義，作為流行思想經常被稱呼為『新學院派』。」（《動物化的後現代》，東浩紀）LIBRO就是位於學院外一間名為書店的資訊傳播中心。在LIBRO以前，書店是「擺放資訊的場所」，而LIBRO出現後，書店第一次擁有「資訊傳播」的任務。如同東浩紀的總結，九〇年代中期，這個任務結束，LIBRO也不得不轉型，這不全然是「時代」的錯，很明顯地，「堤清二的失敗」是最主要原因。但如果考慮到堤清二是「時代之子」的話，那大概是時代的錯吧。《朝日新聞》電子版（五月十一日）「體現Saison文化，解放個性的書架，LIBRO池袋本店閉幕」的報導旁，有張伍迪．艾倫穿著和服的照片，照片上他舉著一張紙，上面有他親手寫的（？）「美味的生活」等字樣，這是淺葉克己的設計，讓我再次強烈感受到「Saison文化」。

雖然有時代的後援、小川的期待，也有中村打造出的基礎，但LIBRO會成為那時候的「LIBRO」，我認為是今泉正光個人的力量。

他主要的資訊來源是「人」，今泉如果在書店看到大學教授或評論家，便會積極地上前攀談。他毫不客氣地接觸他看到的「人」，甚至逕自前往別人的大學研究室或住家，重複地說著：「怎麼說吉本（隆明）先生都是最重要的啊。」今泉無數次「參拜吉本」的行程，我也曾經作陪前往。

他的另一個資訊來源是《現代思想》和《文學》等雜誌，今泉說：「重考生活到大學生活這段時間所閱讀的大量書籍造就了我。」

對今泉來說，決定性的關鍵是和《結構與力》（淺田彰）的相遇，那是他調職的隔年，一九八三年。當他知道這本有出版計劃時，就強力和出版社要求希望增加印量，並和出版社保證，若是這本書出版的話，LIBRO會重點銷售，如果有認識的人來也會和他們推銷。總之，與其說賣得好，不如說就硬是賣出去，接著推出的《西藏的莫札特》（中澤新一）也是同樣的方法。對書店來說，「賣得出去」這句話是勳章（今泉最輝煌的勳章是《現代思想・入門（別冊寶島）》，賣了五千本），同時也在出版界造成了轟動，大家相傳著「LIBRO有今泉」。

不過，今泉卻反駁道：「我認為在《結構與力》出版前，我們成功舉辦的『尋求新知識典範』書展對此影響很大，讓我確信這個領域存在著許多讀者，所以我才認為可以朝這條道路勇往直前。」總之，今泉的策略就是，只要有他目標中的思想書出版，他就會以這本書為中心舉辦展覽。在《結構與力》出版的時候，我們當然舉辦了結構主義的書展，此外也舉辦過淺田彰和中澤新一的選書活動。

就如同小川的期望，西武ＢＣ慢慢變成「LIBRO」，甚至還超越了期望。今泉全神貫注地想打造出一個能實現堤清二目標的書店形象，他相信這是書店在百貨公司生存下去的最佳道路。

今泉除了有堤清二這張王牌，還達成了「今泉自己的自我實現」。中村文孝也是一樣的，兩人都是在堤的手掌心上快樂地跳舞。

一九八五年書籍部從西武百貨公司獨立，「LIBRO」從百貨公司的養子變成借宿，不過是「借親戚的房子來住」所以仍是百貨公司出資的子公司，雖然西友可能也有出資。LIBRO開幕當時都還是仰賴著百貨公司，就算有付租金（從百貨公司的角度來看，是「少得可憐」的程度），也有繳電費、瓦斯費、清潔費，以及展店時的開銷等等，但對百貨公司來說還是十分礙手礙腳吧。然而LIBRO有堤清二在，同時也自負於正在成長為肩負西武文化的一大支柱。

那是一九八六年的事情。碰巧路過池袋店的我（當時在船橋店任職）遇到今泉正光，他愉快地和我打招呼說：「《反伊底帕斯》（德勒茲、瓜塔里）出版了喔，船橋店有好好進貨嗎？」只能囁嚅不語的我被今泉追問。據說池袋店第一天進貨的三百本幾乎完售，「妳看，我們平台上沒有放五千日圓以下的書。」他的口氣聽起來其實很高興，至今那情景都還會浮上我的心頭。那是八〇年代後期，書店平台上總是擺放著高價的思想書，像是《詞與物》、《從混沌到秩序》等等。

LIBRO和美術館是共生共榮的關係，今泉來到池袋，Studio200也進來了，負責人是堤清二的詩人朋友八木忠榮（堤一直都會在文化事業的要職上部署他的朋友或認識的人，所謂Saison文化就是堤清二文化！）Studio200主要是播放電影或演出戲劇的場所，今泉則在沒有演出的日子裡偷偷安排「座談會」進去，「我只記得有吉本隆明先生。後來搬到樓下舉辦『日本精神的深層』活動時，除了書展外，我們也在Studio200舉辦了座談會，有綱野善彥、上野千鶴子、藤井貞和、山口昌男、宮田登等人，很厲害的組合對吧。」

沒錯，LIBRO「下樓」是一九八九年的事，和西武美術館的搬遷同時進行。美術館以「一流的美術館如果遭遇意外事故，得盡快將展覽品遷出，所以必須在一樓」的理由搬到樓下，並以此次搬遷為契機，改名為Saison美術館。

LIBRO則搬到和百貨公司本館聯通的SMA館地下一、二樓，總店面五百坪左右。一直到一九九五年LIBRO都在這個位置營業。中村文孝是店面陳設和物品設計的主手，他常常說：「賣場環境呈現出書店想要賣什麼，如何賣。」和本館相通的地下一樓被設計表現出「LIBRO特色」，將「藝文、專業書群」放在正面入口處，包圍寬廣的通路，並在靠明治通那邊配置「Poem・Parole、ART VIVANT和藝術書」。支撐書店主要營收的書區，像雜誌、實用書籍、文庫本、童書、參考書、漫畫等則在地下二樓，搭LIBRO入口附近的電梯可以抵達。這些商品和文字敘述一樣，是支撐起LIBRO的大力士，人們生活中所必要的這些類別，在營收上支撐起知識分子那些難懂的書。

在藝文書區中，最顯眼的是以「POST-」為名，用「和美國相關的文學、思想、藝術、精神世界」等關鍵字分類的書架，佔了十坪左右。沙林傑、費茲傑羅、凱魯亞克、柏洛茲、卡佛、麥克倫尼、巴克敏斯特·富勒、雷耶亞爾·華生，還有村上春樹。對那個時代的我們來說，不，現在可能也是如此：「村上春樹是美國的」。

但是中村和今泉的真正意圖，是在正面入口附近的「康考迪亞」，當書店還在樓上時，為了更強化「人文·思想書樓層」的意象，所以設計出這個陳設主題。康考迪亞位於五坪左右的空間中，從上面俯瞰的話，內外層的書架會以十字的形式呈現出山型的模樣，如果說是「交叉的三角形樓梯」會不會更好理解呢？中村說：「我想要創造出像是鬚根般的空間。」今泉則將他「創造書區」的行為在此呈現出來，後來這空間被媒體稱為「今泉書區」，並評價其「用相互關聯的關鍵字類別組成書區，表現出思想與時代。」

在拙著《書店魂》中，今泉對「康考迪亞」如此說道：雖然中間多次嘗試失敗，但這個書區的目標是用立體的形式表現「世界知識的潮流」，大家也經常在書區的正中間舉辦書展，我自己印象最深刻的是「作為思想的基督教」，在正統基督教史中搭配神祕主義，似乎可以看出現代思想的泉源。至於其他的書架呢？今泉對死纏著他不放的我說：「放入亞里斯多德與柏拉圖的系譜吧，還會加入歐洲思想。其他有社會學、政治學、後現代主義。文學的話，是杜斯妥也夫斯基、卡夫卡。每隔一陣子，書架的面貌就會變得不同，我為了將五十個左右的關鍵字排列，再製作圖表，真是絞盡腦汁。」

康考迪亞變成是LIBRO的象徵地標，LIBRO顧客厲害的地方是，即頻繁地舉辦這種書展，營收依然持續增加。此時，讀書的方式也發生變化，舉例來說，宗教學者會讀心理學的書，也會研究人工智慧，像是想擺脫目前為止「知識障蔽的狀態」，當時稱為「知識的跨領域」。但是，最主要的客群既不是學者，也不是研究人員，而是對知識充滿好奇心20到30歲的普通青年（至今還記得「那個LIBRO」的都已經40到50歲了）。我認為以書店店員的立場，迅速地察覺到這件事的就是今泉，然後中村設計了可以體現這件事的「書架」。即使如此，今泉也會發牢騷道：「三角形沒辦法放大量的書，也沒有區分用的隔板，非常難用。」

一九九一年堤清二辭去Saison集團的代表，LIBRO的母公司在這之後轉手幾次，小川「自立」的願望最終依然無法實現。首先是西友，然後是全家，再後來是巴而可，到這裡為止，都還是舊西武公司的相關企業。二〇〇〇年Saison集團解散，二〇〇三年LIBRO移轉到創業以來的經銷商夥伴日販旗下，二〇〇六年西武百貨公司移轉到7＆I控股公司，成為與伊藤洋華堂、7-Eleven同系列的公司，當時的社長就是現在的會長鈴木敏文（兼任東販經銷商的董事會副會長），日販和東販，是主宰日本出版流通的兩大經銷商，真是不可思議的因緣。

LIBRO無法再是「LIBRO」的具體轉折點，是在一九九五年搬遷到書籍館之後。當時LIBRO是全家的子公司，從母公司空降到LIBRO的新社長，格外熱衷於否定那時的「LIBRO」，而且百貨公司房東就像是為了報仇雪恨般，狂奔在「脫・堤路線」上，作為堤清二象徵之一的LIBRO當然一刻也撐不下去。新社長創造出一個新團隊，每天都要開會和參加研討會，最後以今泉為首的核心員工相繼辭職。

一九九五年的搬遷就是在這種狀況下進行，地下二樓變成停車場，許多商品退隱至明治通那頭的深處、被稱為書籍館的地方。解體的康考迪亞和POST-書區各自回到原本的書架上，一小段時間後，ART VIVANT和Poem・Parole也退場了。LIBRO將支撐營收的書區擺到最前面，變成一般的大型書店，但人文・思想書並沒有賣得不好，特別是新書賣得比訂貨量數倍的淳久堂要好。我認為這是因為LIBRO這間書店有自己的歷史。

隔年一九九六年，日出版品的營收迎來巔峰，但之後就不斷地滑落。二〇〇〇年底，亞馬遜登陸日本（現在佔日本的書籍營收約20％），亞馬遜不只是帶來網路書店的產業型態，還徹底活用日本政府對外國企業的稅金減免制度，累積商業實力，導入會員紅利積點制，甚至驚動到公平交易委員會，對日本的書店帶來很大的壓力，全國的書店都受到影響。二〇一四年出版物的總營收（包含亞馬遜）是高峰時（一九九六年）的60・4％，書店數也只剩62・5％（一九九九年與二〇一四年對比），當然這不全是亞馬遜的問題，但是不能否定它巨大的影響力。

二〇〇三年，LIBRO的母公司變成日販，日販是經銷商中較早導入網路系統的公司，所以大幅省下LIBRO書店店員在確認營收、下訂、查詢等業務上花費的力氣。在ＩＴ化更為進步的今天，一位優秀書店店員須擁有「能熟練使用網路」的能力。昨天才進入公司的ＩＴ男孩比我還快找到書，書架上貼滿編號的話，「即使不用排架」，客人點點查詢機台就能找到書。尖峰時刻，LIBRO的員工會痛苦地抱怨「每三分鐘就會被客人問一次書在哪，找不到上架的時間」，如今這種抱怨就像夢一樣。

經營者總想削減人事費用，LIBRO也不例外，業務省力化意味著能削減人事費用，而且身為房東的百貨公司已經變成了別人的夥伴，當然會要求繳納合理的租金，「上司說即使減少人力，但這間店依然持續虧損」，我總是聽到LIBRO的中堅員工這樣抱怨。讓情況變得更複雜的是，二〇〇六年開始大東家變成鈴木敏文，他是日販的競爭對手——東販的人。

我有位朋友，以前是西武百貨的中間管理階層，我聽他說了好幾次：「LIBRO什麼時候會被趕走呢？我們總是這樣臆測著。」理由不外乎是租金問題。另一方面也是因為變成鈴木敏文體制後，生存門檻越來越高了。不過儘管從去年秋天開始，撤場的消息就已傳進LIBRO，但經過了大半年，上頭仍然沒有決定「下一個進駐的業者」。業界甚至流傳著八卦認為這次不會再是書店了，不，應該說這種房租書店進不來的，後駐者依然是書店，經銷商當然就是東販。這裡被鈴木敏文納入版圖了吧，成為7＆I經營構想的其中一片拼圖，

LIBRO終生都無法從「母公司的命運」中逃脫。

LIBRO這間「從異業跨足」的書店，有資助人堤清二後援，作為一間「嶄新的書店」，雖然一時之間蔚為話題，但在第四十年以「撤場」終結。不過儘管失去旗艦店，LIBRO在全國仍有八十六間連鎖店持續營業中，在路邊的書店陸續倒閉的今天，我認為最重要的是在全國撒下書店網。

至於規模及影響力和LIBRO有著天壤之別的亞馬遜，這間「從國外跨足」的書店，作為日本政府支持的外國企業，用「全新的販售系統」持續席捲日本的書店界，至今也過了十五年，這之後的二十五年間，日本的書店會描繪出什麼樣的樣貌呢？

刊載於《書的雜誌》二〇一五年八、九月號

增補　LIBRO原址現在是老書店三省堂書店，淳久堂進駐池袋的一九九七年，這裡被稱為「書街．池袋」。這幾年中，許多書店陸續撤場，不過「書街」尚存一息。但我覺得遺憾的是，如果鈴木敏文早一年（二〇一六年四月）下台的話，LIBRO會如何？失去LIBRO旗艦店，對書店界來說真的是沉重的打擊。

與池袋店的差異？

書店改組及體系

我在一九九七年四月進入淳久堂，當時的社長即為創立者工藤恭孝，淳久堂以三宮為中心，主要在關西地區展店，是個約有十間分店的中型連鎖書店。其後十年間，分店數緩步增加，於二〇〇九年被大日本印刷併購，與丸善合併，在此其間分店數量急遽增加。二〇一三年八月，淳久堂在全國有七十三間店（除了文具專賣店），已具大型連鎖書店規模（二〇一七年八月時有一百零一間店）。

自從合併來，周遭就變得十分不安寧，公司為了準備新店面而從原本賣場調派人手，而且一旦借調，都是非常長一段時間，丸善和淳久堂之間人事交流密切，到處都看得到陌生的職員，熟悉的同事則被調職。人事變動劇烈，謠言滿天飛。

與每天工作息息相關的是系統操作的改變，幾乎是在和丸善合併的同時，文教堂也被納入了大日本印刷集團中，所以要使用三間公司通用的系統。都到了這把年紀了，變更系統對我來說實在很辛苦，而且之前的系統是淳久堂的員工根據書店的期望，一磚一瓦打造出來的，當時我還抱怨過，現在想起來真的是十分好用。簡單來說，我在一個畫面裡就能點選各種所需資料，要進行下一道程序時，也不用點回主畫面就能進行，像這樣簡單的事如今卻做不到，如果不稍微滾動滑鼠的話就無法按到「ＯＫ」，超級難用！讓我十分焦躁。閒置三十分鐘，就必須重新登入，其他缺點要說的話還有非常多，這多半是由不知道書店端情況的程式開發做的，我在心裡火大地罵著，但年輕的職員卻可以順利地上手，所以果然還是年紀的問題吧？不，是年輕職員忍耐力比較強，我的腦海中不斷冒出各種念頭。

「不就是以前一秒可以做到的事現在變成兩秒嗎？而且田口前輩，這樣安全性比較高啊。」

雖然年輕職員這樣說，但我仍然很憤怒地想著，不是兩秒，是五秒啊。安全性？有那個必要嗎！抱歉，這對系統開發的人來說才是最重要的吧。

不過，我安慰自己，這應該可以說是十年一個世代吧。更早之前有系統？

在書店有電腦？之前難道不是那樣的時代嗎？如果能熟悉操作的話，就能像神一樣解決客人的難題，應該要對此心懷感激。

我認為多少還是要反映一下賣場這邊的意見，我們想馬上取得的資料，和系統設計者認為什麼是必須的資料間有落差，但說了好幾次依然沒有改善。

公司合併後組織變大，真的很辛苦，我每天都感覺自己是個新人。不過，合併是採取「淳久堂形式」，丸善的職員們應該更感到苦澀吧。

對了，伊藤美保子不知道如何了，她今年（二〇一三年）春天從池袋店調到丸善的丸之內本店。

伊藤美保子於一九九二年進入淳久堂SUNPAL（サンパル）店（神戶，一九八二年開店），一九九七年池袋店開幕時，我們有一起工作過（我在《書店繁盛記》中也有提過伊藤），我一直宛如店主人般地待在池袋店，但伊藤不同，她調職到丸善後，已經是進公司以來第八次職位異動。無論是作為大型書店的開幕員工，還是去挽救書店營收的員工，伊藤都十分努力工作。她負責的領域一直是淳久堂分類中的社會科學類，這個領域在池袋店是營收最好的項目，在丸善丸之內本店的營收也是全國數一數二的（正確的數字沒有公開所以我不清楚，但我認為可能是全日本第一），從二〇〇四年丸之內本店開幕以來，這間店應該累積了不少販售的相關經驗。

淳久堂和丸善兩間公司的歷史重量大不相同，一九七六年開幕的淳久堂和一八六九年創業的丸善，經營方法完全相反。淳久堂重在重點書，丸善則以量取勝，如此不同性質的兩間書店卻在同一個集團裡。跑遍淳久堂大型書店的伊藤，在這裡是如何工作的呢？

在淳久堂池袋本店（以下簡稱為池袋店）及丸善丸之內本店（以下簡稱為丸之內店）中，光是看樓層簡介，就能知道伊藤負責的領域相當不同。在池袋店，法律、政治、經濟、商業等都以「社會」總括；而丸之內店，則是法律、政治、經濟、經營等專業書籍與商管書，在介紹中看不到「社會」一詞。而且法律、政治經濟與商管書區在一樓，面積（若看樓層介紹的話）佔整個書籍賣場的七分之一左右，業績佔全部書籍近三分之一吧。順帶一提，池袋店一樓的入口是服務台，再往裡面走是雜誌區（二〇一七年的時候變成入口處是新書，後面是雜誌，最後才是服務台），社會類則在五樓。

丸之內店的一樓是「商務人士書區」，我在平日的傍晚過去找伊藤，等她下班的這段時間我就觀察她的守備範圍。一眼望去幾乎都是上班族，年輕上班族捲起白襯衫的衣袖，一手拿書，一手用手機記錄著書的內容。站在暢銷區前，不時伸出手拿書的也是穿著白襯衫的中年男性，年長的男性則站在白皮書前面一邊將眼鏡向上挪，一邊拚命地翻著書。男、男、男、男，偶爾有女性和學生散落在其中，但都是少數（我對面的左側「就職・證照區」有一些）。當然在這層是看不見帶著小孩來的人，而且幾乎所有的客人都是因工作需求（許多人沒有帶公事包），或為了配合上班時間所以來這裡（帶著公事包，穿西裝）。明明是平日傍晚不到5點，卻有這麼多上班族在這裡！

這讓我想到，出版社的業務會一直來拜訪這種業績好的書店，在LIBRO童書區，到處都有拿著資料夾調查庫存的大叔，或站著和店員聊天的大姊。

不知為何，這裡像是日本上班族（而且還可以說是菁英上班族）聚集的地方，我想問問伊藤上班族都怎麼買書的，感覺光是這個問題就十分有趣。

雖然這是後話，但在我和伊藤聊完回家的路上，我想起LIBRO的上司小川道明。當小川還是社長時，我再度調回池袋店工作，大概是九〇年代初期吧，有一天小川似乎很高興地這樣說：

「今天三菱（我不記得是商事還是不動產）的人來，說丸之內有再開發的計劃，要蓋大型書店，丸之內附近沒有大型書店十分不方便，而那位三菱的職員在學生時代就是今泉書區的粉絲，如果我們能入主那塊地就好了。但是不知道付不付得起房租，雖然書店和其他行業不同，應該可以便宜一點。」

大概內容就是這樣，那時我也為LIBRO的將來感到有些興奮，最後是有歷史傳統的丸善入主了我們原本期待的地點。

仔細想想，同樣都在東京車站的對面，但丸之內和八重洲Book Center（一九七八年開幕）開店的理由卻有點不同。丸之內最優先考慮的是這是一間「為了商業街而開的書店」，八重洲ＢＣ則是盡可能擺出所有書（除了漫畫），也就是說，它的目標遠大，不只是為了附近的上班族而設，它的目標是全國市場（和一九九七年開幕的池袋店很類似）。一九七八年，新書的出版量還沒有這麼多（也許是現在的三分之二），一千坪的賣場（開店初期大概這個大小）應該已經足夠容納書籍。順帶一提，八重洲ＢＣ的一樓是新書、藝文書和文具等，二樓是法律、經濟、商業。

在和伊藤對談之前，我先和店長壹岐直也打招呼，店長為我快速導覽了丸之內店。我越聽越覺得這個地點就是一座寶山，並且理解到丸善很努力活用這個地點，以及從以前到現在構築起來的企業形象。和我預測不同的是，雖然這裡主要客群的確是男性，但最近30歲左右的女性也在增加。她們會毫不猶豫地一次買很多書，是十分優質的顧客。業績最高峰是星期五，星期天的銷售額比我想的少。丸之內地區的集客力範圍相當廣，週末這間書店則會發揮作為一間綜合書店的功能。

伊藤來了。

「丸善，很辛苦呢。」

我先這樣詢問。

「還好，做得下去。」

伊藤簡短地回答。她原本就是很寡言的人，不擅言辭，所以有時臉上會有著急的表情，但現在她給我「事實就是如此」的感覺，讓我感到稍微安心了些。

「丸之內店是一間怎麼樣的店呢？」

我試著單刀直入地詢問。

「怎麼樣啊，就是上班族的書店。尤其是這一層，客人幾乎都是附近的上班族，還有幾乎已經決定要買哪本書的客人。」

「某種意義上，準備貨源時比較輕鬆？」

「沒錯，要找到暢銷書沒那麼困難，客人會告訴我們銷售的方法。特別是新書，賣得好不好一目了然，市場的反應很快。比較困難的是不能讓熱銷商品斷貨，所以下單數量和池袋店相比也多出數倍。」

因為市場對新書的反應很快，所以即使第一次下單的數量多得驚人，也還是會發生斷貨的情況，為了能供應不絕，出版社也很努力。當沒有時間透過經銷商時還會「直接送貨」，出版社的努力程度也和池袋店不一樣呢，應該是考量到共存共榮吧。

從入口處往裡面直走，有個醒目的平台，樓層介紹上標註這是「博物館區」（這什麼意思呢），平放在這的書似乎大聲叫嚷著：現在這本書是大熱門，如果不讀就跟不上時代！就是現在、就是現在！店裡還特別訂做了大型海報，或貼著作者大大的形象大頭照，鼓吹著現在就是購買的最佳時機，當然「本週暢銷排行榜區」也設計得十分漂亮。

「還有其他什麼顯著的特徵嗎？像是伊藤妳在關西待過很長時間？關西和丸之內的上班族有什麼不同呢？」

「嗯，我感覺到丸之內的上班族有股氣魄，他們推動著日本的經濟。大家都十分用功，還有對名人的抵抗力很弱。」

「總之在這裡商業就是一切吧？如果是沒沒無聞的作者，就不太會因為覺得有趣而試著讀讀看？」

「沒錯，畢竟該讀的書和該做的事情太多了，沒有這樣的時間吧。」

從出版社出的各書店銷售報表也能明確知道，丸之內店採取的是「重點銷售一本書」的行銷方式。我常和小海裕美聊到這點，丸之內店和池袋店不同，最開始銷貨的速度就是池袋店的兩倍以上，而且這還只是藝文書，如果是商業書就更不一樣了吧。不過藝文書方面，雖然一開始池袋店可能會輸，但經過一年後，還算追得上，這就是池袋店的銷售方式，商業書卻無論過多久都是追不上丸之內店的銷量。

「但淳久堂蒐羅的書籍比丸善多很多，丸善將力氣集中在賣出一本特定書，雖然這樣講再平常不過，不過我們書店的特色就是給顧客最好的服務。」

伊藤這樣說。

伊藤的工作從神戶的SUNPAL店開始，這是打造出現在淳久堂形式的始祖店。什麼形式呢？當時的三宮本店因新書銷售和維持熱銷品的狀況不佳，身為社長的工藤恭孝決定不要讓書店太過仰賴新書業績，因此而生的方式就是SUNPAL。換句話說，在店內幾乎看不到平台空間，取而代之的是滿坑滿谷高高的書架，盡可能地將大量的書上架，說起來是非常不起眼的戰略。那時（泡沫經濟的前夕）用這種方式，還是在三宮車站往來行人較少的後車站蓋這樣一間大型書店，實在是很大的賭注。

日本出版品的流通是以「新書販售」為中心在運轉的，小書店會抱怨，如果有一本村上春樹的新書被大型書店獨佔的話，客人就不會來了；而大型書店能有多少村上書的存貨，就是自身實力的證明。不只是丸善，許多書店都會盡全力讓一本書賣得越多越好，正所謂「效率就是力量」。

我對當年（一九九六年底）工藤和我說的話感到震驚。當時LIBRO因為打造出人文書區而有點名氣，但即使如此，仍然灌注了相當的心力在維持暢銷產品的庫存。不，不只是LIBRO，沒有一間大型書店不為了確保熱銷品庫存而到處奔波。工藤邊笑邊這麼說：

「如果不放棄一直等下去的話，即使不依賴暢銷書也會有客人上門的，只要我們有會蒐羅書籍、能打造書區的店員就可以做到。地點稍微不好沒關係，租金會相對便宜。」

這種SUNPAL方式至今為止仍是淳久堂的行銷路線，而那時不知為何我總相信工藤有「一直等待下去的資產實力」。

我因為對這種銷售方式感到憧憬而進入淳久堂，至於從SUNPAL開始一路累積工作經驗的伊藤，是否能適應大型書店這種徹底仰賴暢銷書的銷售方式呢？

「這裡的分工方式是為書店量身打造的——舉例來說，書架由書架的負責人維護，也自然會收到出版社的情報，我覺得這部分很愉快。」

確實，一間開在市中心的書店，無論擁有多少想買書的客人，至今以來累積的銷售經驗，才是它得以維持如今商業書籍銷售王地位的主因，工作的組織架構應該很穩固。所以說伊藤的工作應該是繞著新書轉的。你說她不擅長？不、不，即使是伊藤，也不會特意為了累積工作經驗而來，因為這間店的銷售傾向很容易掌握，借伊藤的話來說，就是「客人自然會告訴你」。在這裡工作須眼觀四面、耳聽八方，並精準判斷繼續強推或選擇放棄的時機，有時也要和出版社齊心協力。伊藤似乎正在適應與克服這裡的工作環境。

我繼續和伊藤聊天。

「即使說是商業書，也有分不同項目吧？丸之內店是怎麼樣劃分的？」

「大致上分成實務類商管書與專業書籍。商管書有自我啟發、商管技巧、經營和會計類。專業書籍則有法律、政治、經濟和金融。」

「賣得好的是哪些類別呢？」

「經營、會計、財務和金融。」

「也就是說和錢有關的書賣得好吧？」

「說得誇張的話是這樣沒錯——因為附近很多銀行和證券公司，有些是公司自己需要的書，也就是這些財團法人企業需要的，所以都不是買好玩的。當我看著新書銷售的速度和數量，就會再次覺得我們書店真的是位在日本的中心。」

這個街區以「錢」為中心運轉。為了販賣和「錢」有關的書，這裡的商管書區約有一百五十坪。

「和池袋店有什麼不同呢？」

「很明顯的區別，這裡的客群想從書裡學到現在工作中會用到的東西。客人要能立即運用在工作中的書，也就是實務類書。雖然池袋店同樣的類別（法律、經濟、商管）也是店裡的銷售冠軍，但卻是以學術類為主，更準確地說是教科書類的書賣得比較好。」

「池袋學生比較多吧。」

「沒錯，池袋的年齡層比較低。」

後來我仔細想想，池袋店不只有學生，還有許多客人（從全國各地來）是為了只有池袋店才有的學術專業書籍而來的。在這個意義上，淳久堂的策略是奏效的，但我第二次和伊藤談起這個話題時，伊藤這樣評價道：

「但是，那樣的書（學術專業書）在亞馬遜也買得到（此時淳久堂也開了網路書店），而且需求正逐年減少，可能會敵不過那些能立即買到需要書籍的書店。」

「需求減少的意思是學生的素質日漸低落嗎？」

「學生漸漸不買教科書了（一般來說似乎學長姊們都會傳承給學弟妹），

也有的老師會印講義給學生。說起來，若有學生讀不來學術教科書，有的老師會換成入門讀物，最近也有老師會使用新書當作教科書。」

「整體來說學生的程度下降了？」

「不是，我認為是聰明的學生和沒那麼聰明的學生的差距變大了，並非整體下降。不過，大學畢業後還繼續進修的人的確減少了，只是這附近的公司都還是雇用會唸書的菁英分子，我認為良品率還是很高的。」

感覺這話題似乎很難再進行下去，於是我改變了話題。

「池袋店不是將日本或世界發生的議題作為主要進貨參考嗎？像是日本是什麼樣的國家、時事、中韓局勢如何、核能問題等等，也就是『社會』這個領域很紅。雖然客群應該差不多，但感覺這塊在丸之內店不太醒目。」

「這些書會放在行政，或是政治、軍事防衛等讀物那區（也就是各類別的子項目），雖然各國情勢也會放入該國相關的書架，但不會像池袋店一樣放在陽光照得到的書架上（如同字面說明，就是位於有陽光的窗邊）。」

「新書也沒有那麼醒目。」

「就像一開始說的，這裡是以上班族為主客群的書店，所以會優先擺出商業上需要的資訊。但如果有一本和社會相關的新書賣得好的話，也會作為新書重點擺在最前面販售。暢銷書區有很多面，但至少商管書是主要的。社會這個類別在三樓的人文社會區也有一定程度的庫藏，像習近平雖然擺在各國情勢中的中國類，毛澤東的書卻是在三樓人文社會類別下的中國現代史。」

換言之，和「現在」有關的現象是橫擺的，如果要以縱的方式思考就要到樓上的樓層去。然而三樓的人文書區空間十分狹窄，以歷史類來說，在池袋店光古代日本史書架上就有一排（八本），但丸之內店只有三本，還是被硬塞進去的。

總而言之，這個地段的人「沒有時間仔細思考擔憂日本這個國家」，重要的除了錢，還是錢。

「從一開始到現在，伊藤有感到什麼領域有什麼樣的改變嗎？即使不是池袋店或丸之內店的事情也沒關係。」

「大概是女性主義吧。我剛進入公司的時候（一九九二），和女性主義有關的書，在社會學的書架上是十分威風的。」

伊藤說，最近偶爾會有人向她邀稿寫關於女性學或女性主義的文章，剛回顧了進公司以來這塊的發展，所以馬上就能回答出來。

我補充說明，若簡單地將上野千鶴子（論日本的女性主義絕對不能漏掉這位）的部分著作以年代順序排列，以《性感女孩大研究》（一九八二年）為始，之後是《女人的快樂》（一九八六年）、《男性文學論》（共著，一九九二年）、《近代家庭的形成和終結》（共著，一九九四年）、《日本的女性主義》（共著、編著，一九九四—九五年），初期的書名容易讓人印象深刻，內容尖銳，中期以後轉為與其他學者共同寫作，目標為確立這門學問，這種上野千鶴子式的研究似乎象徵了日本的女性主義史。

伊藤繼續說：

「雖然現在也有女性主義書區，但我感覺目前這塊偏向施暴等社會現象，多談論騷擾、親密關係暴力等女性問題，在稍早一點的年代，親密關係暴力被視為是個人的問題，或僅是情侶間的吵架，現在則被認為是一個普遍的大眾問題——換言之，從以前（女性主義氣勢最佳的時候）到現在，反對父權社會的方向是沒變的，但關心的議題變成父權社會中存在的暴力問題。」

伊藤想講的是，和女性有關的問題、女性主義的社會思想所提出的問題仍然沒有答案，社會關心的焦點已經轉移到「暴力」這種易懂的社會現象上。女性主義書架反應的是這件事情。

前面提到的上野千鶴子，她現在作為「老後問題評論家」十分活躍，著有《一個人的老後》（法研，二〇〇七年，文春文庫，二〇一一年）等。社會的變化也是書架的盛衰。

「有關男女雇用機會均等法（一九八六年實施，二〇〇七年修正法施行）的新書也漸漸不出了，現在大家關心的焦點轉移到育嬰假或家庭照顧假。」

「那麼商管類書籍又有什麼變化呢？」

「這二十年間商業書籍的新書增加非常多（其他領域的新書也增加「非常多」），入門讀物的難度下降了，參考書類的書變得非常稀鬆平常，並會使用紅色或藍色標記重點，讓讀者能徹底讀懂。最近還流行溝通技巧相關的書籍，像說話、對話、書寫方式，以及敬語書。」

「那個是日常生活中也能獲得的技能吧，不用特別讀書也沒關係。」

「沒錯，但無論看哪間書店的商業類暢銷排行榜，都一定會出現和溝通有關的書。（九月上旬的暢銷排行榜中，池袋店的社會類別第三名就是《一句入魂的傳達力》〔DIAMOND社〕）明治十年出生的那代則是讀《論語》。」

伊藤開始回溯起過往。

「以前（這是指伊藤進入這個業界，九〇年代前期的事）有所謂的基本書目，馬克思、凱因斯、韋伯等，若你沒讀過的話會覺得很慚愧，總之就是讀了幾本基本書目後才讀實務類書籍。但是現在的人不這樣想。」

伊藤很擔憂現在讀書（特別是和社會、經濟有關的書）已不再是為了做學問，反倒為學會能運用在日常生活的技巧。這當然也是書很重要的任務之一，即使是娛樂也是重要的要素，但是伊藤希望書本能被看作是學問的工具，愛書的人一定能明白伊藤的心情。

「以前我感覺到讀書有一個循環，讀了一本後會再讀下一本有關聯的書，但現在不是這樣了。」

伊藤將視線移向遠方。我記得在《書店繁盛記》中，伊藤說過：「喜歡法律書，因為法律作為一門學問十分穩固。」對伊藤來說，她希望書籍存在本身就是「不會動搖的事物」，我明白這是她生存在這個業界的理由，但我也十分明白，她認為現在已經不是那樣的時代了，自己也不存在於那裡。

「我想回到一開始的話題，伊藤妳在這裡的工作是什麼？身為賣場負責人，除了管理，還要做些什麼？」

「妳是說和書有關的部分嗎？有兩項吧，新書的下訂、補書，以及選擇常備書籍。感覺不摸到書架就會忘了書呢。」

伊藤有點落寞地說。沒錯，書架的書是用手記憶的。

「常備（寄賣制度）」是出版流通的特殊制度，出版社會和書店訂下契約，將一些固定書籍借放在書店，原則是一年（一年後再結算）。這麼做的優點是，對出版社來說，自家的書一定會被陳列架上；對書店來說，沒有庫存的負擔。因為再販制（再販賣價格維持制度）的緣故，書店可以一直用固定的價格賣書，常備制度是書店賣書時，特別是要長期銷售專業書籍時的後援。淳久堂將這個制度利用至極限，若利用了這個制度，即使是一萬日圓以上的高單價書，也能毫無顧忌地上架，如此一來那些出版很久的長銷書籍，像是凱因斯的《就業、利息和貨幣通論》（東洋經濟新報社，一九九五年）、熊彼特《資本主義、社會主義和民主》（同上）、羅爾斯《正義論》（紀伊國屋書店，二〇一〇年）等，許多經典書籍就能一直擺在書架上。如果書店想要以長銷書組成書區時，無論是多大規模的書店（如果出版社有回應的話）都可以向出版社申請。

但是，新書銷售額比例較高的丸之內店會是什麼情況呢？丸之內店再怎麼說都是間「綜合書店」，龐大的庫存量也是靠著常備書籍在支撐吧。

伊藤卻這樣說道：

「我感覺最近出版社對常備制度越來越不積極了，目光只會放在新書上，而且丸之內店也會將賣得好的新書放到書架上，有時甚至會將常備書籍擠下來。」

感覺伊藤語帶保留。

常備商品的結算是在一年後，無論是出貨或退貨都相當花時間和金錢，即使能在書店上架，沒賣出去就拿不到錢。因為收入不斷減少，所以出版社開始檢討常備制的缺點了吧。新書大賣，錢就會一口氣進來，若能看準時機斷貨，庫存負擔也不會太大，經營困難的出版社只得將力氣放在短時間內就能結算的新書上。那些新書業績比例較高的書店，會覺得每年都要替換常備商品的作業十分繁瑣也不奇怪。

事實上，我現在負責的古典文學及藝文評論的區域也是一樣，常備商品的循環有時也會遇到挫折，已經有出版社萌生退意，像是在說：雖然一直以來都是合作關係，但今年可能無法繼續了，真是不好意思。

即使如此，對許多出版社來說，為了慢慢消化掉庫存，將常備商品出貨給書店仍然是個有效的選擇，我認為暫時還不會改變。但是今後出版品若因為電子書而變得廉價（現在似乎還有點難度），就不知道書籍流通會產生什麼樣的改變了。

長期支撐著出版品流通的再販制度，很有可能會因為電子書的普及而動搖，畢竟電子書原本就無法適用這套制度，被再販制度支撐著的「常備寄賣制度」也逐漸靠不住了。同時，阻擋於實體書店前的亞馬遜，更針對大學生打出10%的紅利積點，似乎是很受歡迎的銷售方式。

「我常在想，常備商品的比例若變低，書區會變得怎樣呢。即使沒有常備書籍，光是完成比以前多出許多的新書整理、補貨作業，就沒時間接觸每本書。在這種狀況下，要怎麼教新人『安排書架』這件事情呢？」

伊藤最後以這個質問總結。我也不知道如何回答才好，認為排架是書店命脈的我或伊藤，已經是即將絕種的人類了嗎？

如果讀者們反應道：

「即使如此不好嗎？因為有亞馬遜啊。」

這讓我該怎麼回應才好呢。尤其看亞馬遜現在的氣勢，應該很有可能在不久的將來稱霸日本吧。

雖然淳久堂也跟不上亞馬遜的腳步，但現在至少開了網路書店——

我一邊沉浸在悲觀的思緒中，一邊和伊藤道別。

我想起當伊藤和我說她在安排法律書區的時候。

「首先要把日本憲法擺在排頭。」

那時到現在不過才七年。

——**文庫版增補**　伊藤美保子現在任職於京都店，「終於回到了故鄉關西」。——

這是「理想的我」啊

諾貝爾獎和藝文書

二〇一二年十月十一日是諾貝爾文學獎的發表日，我和負責藝文書的小海（勝間）裕美說，去年應該是十號發表吧，不知道已經是第幾年了，大家仍持續在議論說今年一定是村上春樹。

小海幫我回憶道：「《1Q84》（新潮社）上冊出的那年，我們還準備了『賀！村上春樹勇奪諾貝爾文學獎』的書區呢。」

這麼說來是二〇〇九年吧，那時做的看板也沒用到，如今已是第四個年頭了。為了製作那個書區，我們不斷重複「預先下訂村上書」的作業，文庫本和單行本合起來總計是相當龐大的數字呢。

在第一年的時候，我們有如下對話。

我說：「我們來預先下訂吧，即使沒有得到諾貝爾獎，因為是村上，所以庫存還是賣得出去。」

小海說：「但應該已經到極限了吧？村上是賣了不知道幾百萬本的最暢銷作家，就算得了諾貝爾獎還會再大賣嗎？」

「會再大賣喔。大江（健三郎）得獎的時候也是，超驚人的，每個人都說要買那本，不知不覺間就賣光了。諾貝爾獎是特別的，因為至今為止還沒讀過的人會跑來讀，比起讀過的人，還沒讀過的人佔大多數。仔細想想日本的人口吧，而且看過他書的人也會來買漏讀的那本。」

那時若有老員工在一旁的話，一定會說沒錯、沒錯，因此打開大江那時的話題。但無論怎麼說，因為淳久堂池袋店是一九九七年開店（大江得獎是一九九四年），我也只能孤軍奮戰。

大江得獎時，我人還在前公司（LIBRO池袋店），但其實事前沒什麼騷動，等大家注意到，大江已經得獎了。不，雖然可能有些傳聞，但大家猜測「不會那麼賣」，所以就放空了。公布得獎的隔天早上，我們才將店裡的庫存集中起來製作一個專區，接著反覆打電話給出版社，為了採購大江的書四處奔走，讓我印象深刻。一直斷貨，接連沒書賣的情況，我不想再經歷第二次了。

可以說很多書店都是這樣吧，今年不知道是第幾年了，每當「今年一定是村上」的謠言不脛而走時，書店的訂單就會如雪片般飛到新潮社、講談社、文藝春秋等大型藝文書出版商。

雖然是傳聞，不過聽說村上已經七年都是候補人選了，想必村上要保持心情平靜也是很辛苦，但是他不懈怠地一直寫，《1Q84》同樣也是暢銷排行榜中的一員，他一定希望自己一直是符合諾貝爾得獎資格的作家。

前幾天我讀了吉本芭娜娜的《走在人生的旅途上2》（NHK出版，二〇一二年），裡頭寫著當她上了暢銷排行榜時不得了的體驗。像我這種「佔據出版一角」的人類，也只會輕鬆地想說：「暢銷作家，版稅一定很驚人！」但實情卻像烈火地獄一般。內容有點長，我在此引用其中一段：

「幾乎沒有人站在我這邊（中略）感覺快要發瘋。

雖然得到了錢，但全都拿去繳了稅金，而且跟我借錢的人源源不絕，才25歲的我，感受到同行和編輯露骨的嫉妒。」

這大概給她之後的人生與小說很大的影響吧，「不過我一輩子不會忘記那時誠摯地陪伴在我身邊的人」，這是芭娜娜的品德，我對她能夠堅強克服「有一位偉大的父親吉本隆明的青春時代，以及像暴風雨般四面楚歌的時代」感到佩服不已。

她和三砂千鶴的對談集《女子的基因》（亞紀書房，二〇一三年）中曾這樣說道：「我不認為自己是位嚴謹的小說家，（中略）若真要說起來，我比較像是某種心理治療師吧。」嗯，雖然讀了她「其後的作品」後，我十分同意這段話，但對於本人真的這樣說，感到十分感慨，心理治療師啊。我也擅自拿了她的父親隆明先生做對比，她父親有某種求道者的感覺。

當我一邊讀芭娜娜的作品，會一邊覺得奇怪，這個好像在哪裡看過，似乎村上春樹的文章也寫過很類似的東西——我這樣想著，將家裡翻箱倒櫃，最後我還是對雙層的書櫃和散亂在床上的書堆投降，只能等到上班時，趁休息時間在書店整齊的書櫃中尋找。

「大概是這本吧。」我買了《遠方的鼓聲》（講談社，一九九〇年），這種時候在書店上班就很方便。我有很多書都是重複購入，家裡的書已經變得像山那麼高了。

有了，有了，村上在歐洲寫下《挪威的森林》（講談社，一九八七年），當他回日本時曾寫下這段話：

「因為《挪威的森林》賣了無數本，我感到變得十分孤獨，我也感到自己被大家憎恨與厭惡。」

雖然我想說，應該有別的書更直接地寫出這種被「擊垮」的經驗，但這篇文章已經十分傳神了，他繼續寫道：

「但是作為一位寫小說的人類，能夠好好地振作，恐怕都是因為我終於翻完了提姆·奧布萊恩的小說《原子時代》。」

村上在翻譯的領域中才重新振作了起來，翻譯是一個不和外界交流的工作。這麼說來，前幾天我看到橫山秀夫先生，他和藹可親地說：「七年不見的作家復歸了。」在他出版暢銷書《半自白》（講談社，二〇〇二年）後不久，他就得了憂鬱症。當時他的直木獎訣別宣言也造成社會轟動，蔚為話題，想必承受了不少壓力。

「一年裡我每天都在除草。」他終於克服了一座高山，露出清爽的笑顏。

「變成暢銷作家」就改變了人生。但是暢銷作家多的是，例如司馬遼太郎又是如何呢？不過不管怎樣，這些克服難關的作家活下來都是因為「真的有想要寫的東西」。

「村上為何不在日本舉辦簽書會呢？」小海說。我深有同感，我以前覺得他大概是討厭簽書會吧，但是他在國外就很積極地舉辦簽書會或演講——

「他一定是討厭日本。」小海又說。我是不清楚這部分，但是如果讀他的小說，會感覺對村上春樹來說，日本不是喜歡還是討厭的問題，這和二選一的選擇題是不同次元的東西。單純推測的話，他打從心裡不想和旁人親近吧。與其說他「不從事」三人以上的團體行動，不如說他「做不到」，無論是在現實生活還是在作品裡。反過來說，這也是他受歡迎的原因也說不定。

更重要的是，村上曾輕輕帶過說，因為他不是特別的人，如果大家知道真實的他是什麼模樣應該會很失望，所以他不在人前說話。（出自《每天早上為做夢而醒》，文藝春秋，二〇一二年），而且在這本書中出現好幾次他認真談小說寫法的文章，我不知道除了他以外的作家，誰會這樣熱心地談自己的創作方法。

例如像這樣：

「我的小說也是將自己心中的抽屜一個個打開，整理該整理的東西，取出能呼喚人們產生共鳴的，用文字表現出來，塑造成可以給人們看的形式。」

他很常鑽入自己內心裡面：「書寫的時候，我會潛入自己精神的深處。」他是在「那個深處」，將故事按照每個抽屜分類，然後等待它們成形為小說？而那個「故事的形狀」多半是許多事物的積累，像是從小讀的兒童文學、日本或海外的現代文學、古典文學、次文化，從小聽的音樂，看的電影。與其說是創作小說，他更像是為了向下挖掘而「不外出」的作家，在休息時間（為了寫小說）持續跑步的作家，就像是高倉健。

這幾年，每到諾貝爾獎頒獎時，我就會想著這些有的沒的，明年一定也是這樣吧。

以往在每年接近發表日時，電視台或報社就會打電話來：

「書區做了嗎？如果村上先生獲獎的話可以讓我們拍嗎？」

可以稍微感覺出他獲獎的機率大概只有一半左右，不，或許更低。而且大家多半都是前一天，早一點也只是大前天打來詢問。但今年卻是一個禮拜前就打來問了。某電視台的新聞節目，還向我們申請，希望可以在發表前就先拍一段預告片，總之大家都很熱情。

我在發表前一天休假，隔天（也就是發表當天）向小海詢問了狀況。

「電話一直響，我回答他們說，你們來也沒關係，但是書區不是特別豪華，也請不要打擾到我們工作。但那些人開拍後就一直沒禮貌地進進出出，不管說什麼都不聽——」

小海像做錯事般垂著眼說。

今年似乎是本命年，據說是因為「輪到亞洲」了。原來每年都有「輪流」啊，那麼到去年為止的騷動是怎麼回事？難道說事前會先決定好「本命的區域」，然後從各地挑候補人選？還是只有文學獎是這樣？如果今年的本命是村上春樹，那他的對手是誰？是莫言啊，原來如此，中國的作家，很多書也有翻譯成日語，大江健三郎很喜歡他。但是，銷售額幾乎全軍覆沒，作為書店店員，無論如何都希望是村上得獎——

「你們有做書區嗎？規模多大？有放看板嗎？如果得獎了會放哪本書？」今年明顯的特徵是，無論哪個電視台都會一直問：「你們要怎麼獲知得獎訊息？」

「網路吧。」

「哪裡的網路？」

「用賣場的查詢機台。」

「我們能拍你查詢的時候嗎？」

「嗯，如果不會打擾工作的話。」

「當然，我們會小心注意。」

我們提高警覺地聆聽他們的問題。

然後迎來發表當天，十月十一日。

因為我已經是兼職身分，所以5點就離開了公司。照顧失智症越來越嚴重的母親花去我許多時間，這一天我也是說完「拜託了」就趕快回家，不過我在池袋車站附近遇到某藝文書出版社的業務。

我聽到他說：「因為諾貝爾獎的緣故，我們這裡特別兵荒馬亂，說是村上的本命年。」

「咦？怎麼一回事？」

「新潮的業務今晚全體加班等著接聽電話，似乎也正在打算將書再版。」

此時對面走來一大群男性，兩手都提著大紙袋。我好像在哪裡見過，啊啊，是講談社的袋子。業務偷看了一眼擦身而過的紙袋，然後說：

「嘿嘿，是紅色和綠色的封面呢。」

應該是附近的LIBRO訂購的《挪威的森林》，業務直接用手提過去。那個量大約上下集各有三十本吧，但不知為何大家都殺氣騰騰的樣子。

回到家後我打開電視，發表是在晚上8點，如果得獎的話應該會馬上插播新聞，我盯著電視看了三十分鐘，卻沒看到任何跑馬燈，於是等得不耐煩的我直接上網查。

是「莫言」，真是讓人十分失望。

即使說些自我安慰的話，但事實上我非常期待「諾貝爾獎效應」，畢竟書店業的營收持續滑落，真的好想要有些令人開心的話題。

村上每年的「這一天」似乎都不會在日本，他所在的地方大概只有極少數的人知道。至少今年確定不在，這是我從被某報社叫去參加「獲獎紀念對談企劃（無本人）」的某作家那裡聽到的，所以他們拍攝時才選擇「書店」。大江健三郎得獎的時候，LIBRO沒有收到採訪申請（所以才會忘了下訂單？），大江應該有親切地接受採訪，雖然關於這點我的記憶很模糊。

「入圍文學獎」的通知會在事前傳達給本人知道。村上討厭這種騷動，會在海外等候，因此媒體們只好到書店捕捉「畫面」。今年是最有機會的一年，電視台（不同節目的採訪團隊不同，所以採訪團隊的數量和新聞節目的數量差不多）異常熱情，一直和我們請求希望拍攝能成為「畫面」的場景，他們極度渴望拍到「本人」的影像，最好村上本人能像山中伸彌教授一樣，面帶微笑開記者會說：「剛剛修理了一下洗衣機。」或像山中教授一樣顧及著他人的心情說：「每年都會被提名，帶給周圍的人麻煩了，幸好明年不會再有這種事了。」目前為止的每位得獎者都會答應記者採訪，我應該沒記錯吧。

發表日當晚和隔天早上，電視中頻頻出現其他大型書店，NHK是丸善本店（應該是），其他還有像紀伊國屋、八重洲Book Center等等，他們果然是想從網路獲得即時訊息，再馬上發表。誰也沒想到會出現因為不懂瑞典語，沒人知道得獎者是哪位的場面。本來想說，真是遺憾啊，丸善。結果丸善竟然有準備莫言的看板！書也進了一堆！他們拚命設置的樣子也被播了出來。

過一段時間後，我從LIBRO的友人那裡得知：

「來了、來了，我們這也來了許多電視台圍在櫃檯邊，大家都很激動，但即使用網路查詢，因為不懂瑞典語，所以也不知道是誰得獎。」

LIBRO，原來你也是這樣嗎。

隔天上班時我馬上詢問道：

「昨天還好嗎？」

「別提了，好辛苦。因為沒辦法順利查到新聞，他們叫我重新整理網頁好幾次，為什麼我們不得不聽電視台說的做啊。」

好像哪裡也講過一樣的事情。

「訂莫言的書了嗎？」

「我已經先把我們有的書擺上去了，雖然馬上下訂，但是出版商那裡庫存也不多，再版則是——」

感覺回答得十分沒勁，像是已乏力的樣子。

莫言得獎就表示「今年輪到亞洲」的說法是對的，這樣的話，村上得獎又要多少年後啊。這期間，他每年都要消聲匿跡，該說值得同情，還是說這就是「被神選中的人會遭受的苦難」呢？不，或許這樣不是消極，如果他是在自己構築起來的生活方式中，在日本獲知得獎消息的話，生活就無法安寧了。在「真正得獎」來臨以前，書店會被當成「必要的拍攝對象」。如果到了「真正得獎」的那天，書店還會因「象徵諾貝爾文學獎得獎之物」而出現在人們的客廳裡嗎？雖然是有效的書店宣傳方式，但總感覺哪裡不對勁。不過在這不景氣的狀況中，有人願意來拍也覺得十分感激。

致諾貝爾文學獎遴選委員會，村上已經入圍七次了是真的嗎？拜託選村上吧，再過個十年，這世界就會變成電子書時代，雖然我不想去想書店滅亡的事情，但書店會變得很寂寥吧。如果這樣的話，電視台會蜂擁至亞馬遜，拍「村上春樹電子書」訂單數字不斷增加的畫面嗎？（有這種東西嗎？）

拜託趕緊選村上吧。

還有希望村上先生會突然有了覺悟，在日本接受得獎採訪，現身媒體前親切地說：「剛剛在煮義大利麵。幸好從明年開始不會再麻煩到相關人士了。」

二〇一三年四月十二日，距離諾貝爾獎發表的半年後，《沒有色彩的多崎作和他的巡禮之年》（村上春樹，文藝春秋）發售了。

我們是因為客人說：「想要預約村上春樹的新書。」才知道這本書要出版，真的是非常慚愧。那是三月十三日的事情。我們慌忙地打電話去文藝春秋（出版商的名字也是客人跟我們說的），也只知道是四月十二日發售。自從這長得過分又意義不明的書名發表以來，每天都有類似的預約電話打來。接近發售日的時候，NHK的早晚新聞都有報導，報紙也有報導，這種事情以前有發生過嗎？《哈利波特》發售的時候？似乎有點不同，因為《哈利波特》是在全球有傲人的成績後才引進日本的，比起來，《多崎》這本書只有公開「村上春樹的名字和書名」而已。在這些抬轎的人之中，有多少人是已經讀過這本書的呢？大概有些人拚命隱瞞了內容。不過我從媒體報導中感受到溫暖，大家想在這不景氣中給予出版界一點鼓舞，受到如此關懷真的十分感謝。

也多虧了媒體報導，這本書的確大賣，光初版就有五十萬本！在十二日的深夜12點倒數的書店（書店又登場了！），也多次出現在隔天的新聞裡，聽說甚至有一百四十位客人在書店外排隊等候，宛如新版蘋果手機首日開賣。

我們亦接獲好幾通電視台來電詢問：「可以早點開店嗎？」電視上也出現有的書店在正門入口擺著高高的「村上春樹堂」看板。我們池袋店則罕見在一樓入口擺了桌子，大膽地在上頭鋪滿這本書。

不擅長賣新書的淳久堂，這次池袋店進貨的數量竟高達一千兩百本，以藝文書首刷能配給到的量來說，這真是劃時代的數字，在我超過四十年的書店人生中也是頭一次看到。而且第一天賣了五百八十本，第三天傍晚就銷售一空，之後還有許多客人跑來櫃檯詢問，風聞新宿某書店進了二千六百本，也是第三天就賣完了。亞馬遜則是進了好幾萬本。

這情況應該符合當初的預期吧，文藝春秋甚至「緊急再刷」。發售後的一個禮拜，我從電視新聞得知，這本書創下新紀錄，印量超過一百萬本。至於淳久堂一千兩百本的紀錄，還是出版社說「因為你們家目前的成績是這樣，所以這次配到這個數量」而配給到的。雖然我們店員是銷售的人，但感覺每天只是將書從右邊移動到左邊，身體輕飄飄的，似乎大家都先幫我們準備好了，而且如果沒有文藝春秋的業務川原千廣先生溫暖的幫忙，可能工作不會這麼順利，就算被說奢侈也是沒辦法的事。

「村上春樹的主角是『日本人認為的平均理想形象』，若說『日本人』有什麼誇張的地方，大概就是『喜歡讀書』吧。如果把大家『理想的我』的優點拼湊起來，就是村上春樹的主角了，所以他的書會暢銷。」

一起工作的尾竹清香這樣說。

「雖然每篇作品不盡相同，但是村上春樹反覆描述的主角多半是在優渥的環境長大，雖然頭腦、長相都不是頂尖的，但也不差。話不多，擁有自己獨特的生活方式，和工作保持距離，卻是有能力處理的人。都有和社會格格不入之處，孤獨，又在無意識中渴望著同伴。因為某些事情（總是會有事件從遠方找上門來）不得不超脫社會規範時也不會猶豫，然後會為了尋找什麼去旅行，而且主角幾乎都不會自覺到自己的形像。」

沒錯，無論哪本長篇小說的主角，都和尾竹說的相差不遠。所以讀者才會把村上春樹本人和作品重合，像是讀私小說一樣，把村上春樹當作是日本人（再加以延伸成廣大讀者）的平均理想形象。

如果村上能像山中伸彌教授那樣，在人格評價和研究對象之間擁有一定的距離，不知道會有多輕鬆。文學是一份被詛咒的工作，真的是相當麻煩。不過雖然麻煩，也正因為這份麻煩，讓文學成為更深層的東西。

然後，在那裡，我們書店店員以此維生。

文庫版增補　二〇一七年二月底，大眾引頸翹盼的長篇小說《刺殺騎士團長》（新潮社）出版了。一個月前開始，店裡就貼了大大的預售海報，鼓動客人預約下訂，這次和以前不一樣，連小書店都有被出版社照顧到，拿得到新書銷售；我們家附近的書店或者兼賣二手書的書店，也擺了一堆村上的新書。這次總共印刷了一百萬本，在出版品的總銷售額持續下降的出版業，「村上書」卻還能維持泡沫般的印刷量，出版品的階級差距就在這裡。之後時間流逝到了二〇一七年十月，諾貝爾獎發表，我看了新聞速報說是「石黑一雄」，實在無語凝噎，感覺在之後十年內，幸運之神都不會造訪村上春樹了。不過隔天早上上班時，大家的表情都還是很愉快，書店不得不這樣。

「書」和「暢銷書」

網路書店及其他

我和小海（勝間）裕美久違地閒聊。小海預備明年一月生小孩，每天都很忙碌，她為了孩子能健康出生，並且在她休產假時書店能順利運作，結束休假後能回到原本負責的藝文書區，沒有一刻讓身體停下來。我十分相信，照這樣下去，她「生小孩前的運動量」是十分足夠的。

所以接下來的話題首先會是，「小海和小海周圍的女性書店店員，為了持續工作所遇到的許多困難」，不過在這之前我想先介紹小海——

小海裕美於二〇〇一年進入公司，和田中香織、森曉子同期。已經是十三年前了，有些事我記得不太清楚，但還有求職面試時的記憶。我對田中的印象十分深刻，卻不太記得小海，不過奇怪的是，我對她的履歷記得十分清楚。

現在應該沒有「金釘流[1]」這個詞語了，但她的履歷書完美呈現了這個詞，而且為了隱藏她的書法流派，她拚了命用小小的字體填寫那份履歷。

或許正是這樣的履歷讓我一時興起，覺得「看起來是很成熟的小孩，寫的字卻這麼有趣，錄取她看看吧」，所以就錄用了她。改善過後的字跡其實很清爽（本人主張是文豪體），畏縮的感覺卻沒有變，但我們的「一時興起」絕對不會看走眼，負責面試的大家至今都依然如此相信。

幾乎所有的面試生都會說希望負責「藝文書」，然後舉出村上春樹（雖然這種情況感覺有變少）、東野圭吾、宮部美幸等作家。幾乎沒有人會說希望負責「醫學書」或「理工書」，不如說理科的學生不會以當書店店員為目標吧。

所以我們決定藝文書區的負責人時是很慎重的，因為我們會害怕負責的人有特別喜歡的類別或是作家，這並不是壞事，有特別喜歡的類別也比沒有的人好上許多，但重要的是「平衡」。

「你不知道大江健三郎嗎？那你知道諾貝爾文學獎嗎？」

我還記得我曾對一位從某大型知名書店轉職來、有書店經驗的同仁這樣說。總之，我希望來面試的人都有基本的素養，而小海的能力均衡，讓她作為

1 譯註：鬼畫符。

藝文書的負責人我認為是「正確」的。

「中村先生說過。」

小海開口道。

「那位中村文孝？」

「嗯。」

中村文孝是我書店人生的夥伴，一九九七年我們一起從LIBRO跳槽到淳久堂。我如今仍是一位書店店員，不過中村在60歲時斷然退出，和朋友們開了一間小小的出版社，出版「符合理念的書」。

中村怎麼了？

「中村說過書只有分『書』和『暢銷書』兩種。」

「咦，這樣啊。」

「他說『暢銷書』的賣法和賣大型出版社的雜誌一樣，首刷的進貨量是十分重要的。聽好了，面對首刷妳要學會如何見好就收，掌握脫售的時機。首刷進貨我會負責，妳不做也沒關係，只要記得銷售方法就好。」

許多知道中村文孝這號人物的業界人士，或許會覺得這就是中村會說的話。中村真正的意思是，他會「確保暢銷品（許多書店為此奔走）」，而小海要做的是「充實書架（許多書店為此忙不過來）」。但是小海是怎樣理解的呢？

「然後我問中村先生，對他來說，真正的『書』是怎樣的書呢？」

「他怎麼回答？說保田與重郎嗎？」

「沒錯，還有內田百閒、室生犀星等人。」

是這樣沒錯，我點頭。人會特別珍惜在自己最年輕時讀的作家，但即使如此，像中村這樣有「書店店員特質」的典型店員會漸漸消失吧。小海，如果可以的話請繼承中村吧。話說回來，小海認為的『書』是哪位作家？

「村田喜代子。」

唯一的答案。

這樣的小海裕美也來到了35歲，即將成為人母，成為書店店員也已經十年以上了。

我自從當書店店員以來生活幾乎沒有變過，但許多女性員工總會感到迷惘，她們的第一道障礙是「結婚」。首先書店週末沒有休息，即使休息了也不可能連續放假；其次，閉店的時間很晚，池袋店剛開幕時營業到晚上8點，現在是11點，關帳回家已經超過12點了。如果是從學生時代就交往的對象那還好，變成社會人士後很難去相親，即便結婚也難以配合對方的生活。不過可悲的是，在最近的就業狀況中，這種程度的障礙還是屬於輕微的，朝九晚五、週休二日、偶爾加班的勞動模式正在減少中。

「問題是孩子。」

小海說。她舉了好幾位為了專心生小孩而辭職的女性員工。

「即使不辭職也能懷孕吧？」

「田口前輩太天真了，作息不正常的生活很難懷孕。妳還記得嗎？○○和

××，都是辭職後馬上就懷孕了。還有她們說，如果總是想著以後會有的，那懷孕的機率就會越來越低。可以的話20歲出頭就要生了，但大家都想要在工作上有一番成績後再來請產假，因為要休一整年，很難下定決心在20歲生孩子——過了35歲，才慌慌張張地想生，卻生不出來，甚至去做不孕治療什麼的，這種例子太多了。年紀一大，治療不孕的成功率就會大幅下降——」

小海是在33歲過後開始說出「不早點懷孕不行」的話。她甚至有段時間想像其他人一樣辭去工作專心生孩子，但那時我跟她說：

「還不急吧。」

面對我這類敷衍的回答，小海回應的重點是「卵子會老化」。雖然她讀過書，也在網路上查過，但去年（二〇一二年）NHK的特別節目「想生卻生不出來 卵子老化的衝擊」似乎給了她一記「當頭棒喝」。我同意小海說：「如果我20歲就聽過卵子老化的言論，人生會變得完全不一樣吧。」我（60歲，孤家寡人）要對那些認為「雖然想要小孩，但不是現在」的20歲已婚女性說一句：

「就是現在。」（不知道是不是看了小海的例子，晚輩田村（信井）友里繪在快30歲時懷了女兒，現在剛結束育嬰假回歸職場。）

小海的「女性生活方式」論，引起了熱議。

「從過往案例來看，有人即使生了孩子，縮短上班時間，最後還是無法繼續工作，雙親是不是住在附近也會影響結果呢。但是要不要辭職的最重要因素，還是取決於丈夫有沒有足夠的收入。」

大家舉出了一些生完小孩後，回來一陣子最後還是辭職的人，以及繼續工作的女性同事。當話題聊到這裡時，內容和職場是不是書店沒有關係了，而變成是在討論日本的一般女性勞動現況。

淳久堂按照勞基法規定，在育嬰假結束後可縮短工作時間，但是撇開像池袋店這種人力充足的店，小書店的現狀是工作辛苦、人力吃緊的。因此也有個選項是暫時變成約聘員工，減少工作時間或工作內容，等生活穩定再轉回正職員工。

小海說：「變成約聘的話，就不用擔心旁人工作做不做得完了。」

從小海那聽了許多例子後，我認為雖然工作狀況會受法律、公司高層的想法影響，丈夫可能也會共同育嬰，但最重要的是，大家要支援一起工作的女性夥伴們。打擊「女人為難女人」的惡習，將「善有善報」這句話放在心裡。

不過小海的下屬尾竹清香有一天吐出一句話，想要終止懷孕這個話題。尾竹離開故鄉，進入池袋店後懷孕，很快就有了兩個男孩。

「我認為我是因為有工作才能懷孕。若是變成家庭主婦，熬到最後我可能會罹患憂鬱症吧。」

小海自進入公司以來都是負責池袋店的藝文書區。她進入公司的二〇〇一年，池袋店擴增兩倍，她是突然被分配到日本第一大書店「幾乎所有新人都希望負責的藝文書區」。小海會覺得備感壓力嗎？

「不會啊，就覺得偶然輪到自己，而且雖然這裡是日本最大面積的書店，但又不是業績最好的（現在也不是）。」

也是，而且賣場有我這種婆婆在：

「那個，暢銷書如果能訂到預期的數量，也不是妳的功勞，而是淳久堂這間公司的力量喔，希望妳不要搞錯了。」

我一直會講這類的酸言酸語（這都要拜中村所賜）。

「比起這些，我學生時代的女同學中有許多菁英，在外資的投資公司、證券公司、銀行等地方上班，一邊升遷一邊工作，收入和我不在同個級別，她們總是會諷刺我說：真好啊，裕美，能做自己喜歡的工作。當我聽到朋友們結婚的話題時，會覺得世界上真的有階級存在啊。她們裡面有人把結婚視為是向上流動的一種手段，我在那些人眼裡看來就是個吊車尾的。」

「但是，不可思議的是，」小海繼續說，「那些朋友是不看小說的。即使有看，也是像《在世界的中心呼喊愛情》（小學館，二〇〇一年）這類淺顯易懂的書。明明在職場上，她們會拚命地想讀懂對方的言外之意呢。她們也會讀工作相關的參考書。但是除了工作以外的書，就是看如何釣到金龜婿、快速和有錢人結婚的方法等等。她們喜歡療癒的書、粉色的書（如同字面意思，這類的書封設計都是白底配上粉紅色或紅色的圖案，有時字會燙金），作者是否也預料到會有這樣上流社會的讀者存在啊。」

嗯，雖然我覺得讀川上弘美、角田光代很有幫助，但是小說太繞遠路了，而且可以有各種解讀，雖然這樣也沒有不好，但「指導書」卻非常直接、清楚，對那些想「走捷徑」的女孩們來說，那才是不錯的書吧。不過繞路也好、捷徑也好，這些書都是長久歷史累積下來的東西。

我從小海那裡聽到這席話後，就開始思考，對出社會的人來說，到底什麼是素養呢？

二〇一〇年，田村友里繪進入公司，藝文書區的負責員工增加為兩位。田村也說過她的朋友們幾乎都不看書。她回顧自己和書籍接觸的起點，是因為母親喜歡書，家裡有很多書，所以最後她才成為書店店員。

田村進入公司的那陣子，小海忙於籌備新開幕的分店。淳久堂於二〇〇九年與丸善合併，使得集團擴大，不過藝文書區只有關東和關西的開店負責人改變，所以和其他書區相比較為輕鬆。

我們以手邊拿到的平面設計圖為依據下訂單，然後設計出每個領域的配置圖，例如藝文書區就是日本文學、海外文學、詩歌、古典文學、藝文評論、日本語學還有隨筆散文等等。池袋店的娛樂類、次文化也是被放在藝文書區（只有小說不放在「藝文書區」），關西的店面設計則是在推理小說旁邊擺了西尾維新等輕小說類，我們還要算出每個領域的總冊數。

這些年書店也急速ＩＴ化，店鋪的銷售額馬上就能在螢幕上秀出來，我們要一邊將新開幕分店的規模、客群分析等資料記在腦海中，一邊參考與新開幕分店類似的店鋪數據以及池袋店的數據資料，最後再填下單量。最近統計學很紅，相關書籍都十分暢銷，考慮到這一連串的下單作業，有時我也會想，比起書本的相關知識，分析數據的能力能讓人更正確地網羅目標商品。我也認為，光是瞪視著過去的數字，是無法創造出靈活的書區。

之後就是檢查貨品、盤點入庫商品，同時也必須將開店的作業團隊集合起來。淳久堂會盡可能從附近店鋪集合上架人員，這十分困難，因為無論哪間店的人力都很吃緊，必須要好好規劃輪值表。在準備好這些眾多事務後，才來到必須親赴現場進行上架作業的環節。在一連串的作業中，上架是最開心的工作，更可以說，如果沒有這一環節，或許會後悔當書店店員吧。員工在書架前精神抖擻地說著：「好，這次要怎麼安排呢？」但是「精神抖擻」只是暫時的，因為緊接而來的是四處奔波的日子，「那個新書還沒來、平放書本的空間不夠、來不及為活動訂書」等等。

至開店為止的這一連串作業，即使是在ＩＴ化的今天也要花一個月以上，開店前還要先員工訓練。即使開店了，仍要修正品項、重新思考員工教育等等，實在是忙翻天。

「從名古屋店、仙台LOFT店開始，慢慢擴展到新宿、盛岡、新潟、秋田、藤澤。」小海細數道。

「責任越來越大，札幌（二〇〇八）果然是最初的難關呢，那時收訂單的出版社，有的已經數位化，有的還沒，經銷商也尚在摸索，淳久堂本身不像現在這樣，一台電腦就能完成大部分的訂單業務。對書店工作有經驗倒還過得去，但最辛苦的是員工訓練，一開始我拚命地想教導他們作為淳久堂員工最低限度要會的事情。」

「那就是——」小海繼續說道。

她不用說我也清楚，淳久堂展店的目標，就是要當那個地區最好的書店。當我們聽到當地人對我們說「十分期待有大型書店要來了」時，便是最幸福的時候。然而這意味著，地方城市裡沒有什麼有待過大型書店的人才，即使要招募有書店經驗的人也沒那麼多。小海說，反而很多人是有看護及社福相關經驗。書店是團隊合作，不能只靠調職來的幾位淳久堂員工。

「所以這時候必須要從販售的基礎教起，他們也比較好理解。在池袋店，會盡量不平放書，希望將更多書放進書架上，這就是淳久堂打造出來的自我認同。但是在地方書店中，必須要將暢銷書平放，讓大家都看得到完整書封。開店時不用太講究活動，而是要從當地出身的作家、鄉土史等這類開始。在東京，做別人沒做過的事會成為話題，但是在地方上，如果認為這是大家都知道的事而理所當然什麼都不做，客人就不會上門。每次開店時，我都感覺到不管哪裡都有專家，也就是有學問的人。仙台店便是有許多這種客人的店（比關西更西邊的店有別的負責人）。咦，這種海外文學怎麼會賣？而且還是全套的，連池袋店都賣不太出去的高價書，這裡有人會買。這是為什麼呢？或許專業書籍的成長會更顯著？我這樣想著再次下訂，結果專業書籍的銷售量卻沒有特別成長。」

我認為是客人孕育出書店的，與此更息息相關的是，店員能否創造出能掌握客人呼吸節奏的書區。書店和店員需要時間培養，如果可以的話，最好和當地的學校、大學建立好良好的溝通橋樑，就像多年以前，LIBRO的今泉正光還在前橋店時，他總愛找群馬大學的教授們那樣。

「直到數年前為止，我都還能掌握愛書讀者的喜好及反應，但是最近銷售反應卻有點遲鈍，大概喜歡書的人都漸漸跑去亞馬遜買書了吧。特別是新書，這是理所當然的事，畢竟淳久堂不會所有的新書都進。也發生過客人等了好久的新書終於發售，興沖沖跑到書店，卻期待落空的場面。然而書店不賣新書也會逐漸凋零，雖然有『書店通』說：你們畢竟是淳久堂，賣長銷書就好了。但置身書店，你會感受到新書使整間書店充滿活力。和其他大型書店比起來，淳久堂的新書確實低得不成比例，即使如此——」

「相反的，對書本沒那麼熟悉的人就不太會上亞馬遜，於是淳久堂逐漸向這類讀者靠攏，書架上的書，也在不知不覺間變成符合大眾品味的品項，卻被出版社的業務說：這不像淳久堂的風格。但我們還是得生存下去。」

我們視為上賓的「專家．學者」，也就是日常生活中身邊隨時都會有書的人，被新興網路書店亞馬遜給奪走了。但以客人的角度來看，這真是個便利的時代。要一位書店店員承認這點真的很悲哀。

另一方面，亞馬遜的使用者有很大一部分是出版業相關人士，他們一邊說「書店要消失了好難過」，同時抱怨「書店沒辦法馬上買到需要的書」，轉頭就在亞馬遜下訂單。這些亞馬遜的重度使用者充斥在「書的周遭」。以職業別來看，出版業是使用亞馬遜比例最高的。

我認為，亞馬遜雖然能便利購書、無微不至地服務讀者，但當這種「有效率的買書方式」闖入日常生活中，不就缺少選書失敗的樂趣，也少了許多選書的方法，不是嗎？不、不，許多人會說，不買沒用的東西是現代人的生活準則，但是「文化」本來就是沒用與沒道理的結果，我輕率地這麼認為，但事實上，我內心也是如此輕率地這樣想。

當然亞馬遜不能代表全部的網路書店，但是眾所皆知，亞馬遜的業績遠遠凌駕於其他網路書店之上。我內心將亞馬遜當作靶子，對於販售「展現『日本支柱的日語』（即日文書籍）」的日本第一大書店，竟然是間美國企業，有著相當大的危機感。可能有許多使用者認為，亞馬遜不過就是個賣東西的小商店，本身也不是製造業，所以是美國也好、中國也好、韓國也好，完全不會影響到書籍本身。是這樣子嗎？銷售的平台不會和商品本身有任何關聯嗎？這樣壯大下去的美國企業．亞馬遜，誰能斷言它不會變成能對日本出版界施加壓力的團體呢？還是說，日本的書店之中，有人要創造比亞馬遜更大的網路書店？亞馬遜大概就怕這個吧，但是資金從哪裡來！

亞馬遜作為一間企業，它的努力使它在日本獲得成功，我承認我的「攻擊」不過是一種遷怒。

每當提到這個話題，我就會想起中村文孝。我問中村：「亞馬遜給學生10%的點數折抵優惠，這筆資金應該是來自它在日本不用繳的稅金，或是從其他商品賺來的盈餘，但是公平交易委員會（監視違法折扣的政府單位）為什麼當作沒看到呢？我認為這違反了再販制。」中村回答我：「亞馬遜只是冰山一角，因為日本是美國的附屬國。」當然他的回答是一種（半認真的）揶揄，但每次想起時都會覺得很遺憾。我在LIBRO時曾策劃過「特價書展」，結果和公平交易委員會有過爭論。

從另一方面來了解，有一份淺顯易懂的資料是關於「亞馬遜的稅金問題」，就是「二〇一三年十一月十一日，國會中有田芳生參議院議員（當時為民主黨）的質詢意見書」，國會的質詢都用專業術語，這裡我試著做個簡單的摘要。

一是關於消費稅。

「亞馬遜將在日本進貨的書籍，用包含消費稅的固定價格賣給讀者，但這筆消費稅會交給日本政府嗎？」

另一個是關於法人稅。

「二〇〇九年國稅局針對亞馬遜公司追徵課稅，但為什麼後來兩國協商後，撤銷了國稅廳的主張？」

其後送來的報告書答道，關於消費稅，「因為亞馬遜提供跨國服務」，所以沒有課其消費稅，不過此點會列入未來的檢討事項中。（註：現在政府的稅制調查會正在檢討中）。

關於法人稅，則是「外國企業在日本沒有分店時不課稅」（日本亞馬遜不是分店，而是一間倉庫、運輸公司的意思？）

因為是極為簡易的摘要（裡面也有關於電子書的規範），若想閱讀全文，可以上政府的網站（二〇一三年十一月十一日）查詢。

文庫版增補　根據二〇一五年的修法，亞馬遜從日本顧客徵收的消費稅，似乎變成要付給日本政府。會寫「似乎」，是因為亞馬遜對於消費稅問題隻字未提。

亞馬遜明明就是美國的一間私人企業，日本政府為何對它如此言聽計從呢？雖然有人可能會覺得因為法律就是如此所以沒有辦法，但我深信「言論・出版」應該要特別對待，因為「語言」問題關係著一國的根基。

我想舉無論執政或在野黨都大力擁護書店的法國為例。根據出版界的刊物《新文化》（二〇一四年四月三日）所述，在今年一月九日，法國成立「反亞馬遜法」，禁止網路書店「免運」。在課稅的部分，則請求繳納「自二〇一二年起未繳的消費稅及罰金」，目前亞馬遜正在進行繳納手續。

法國的消費稅通常為19・6％，書籍是5・5％（報紙・雜誌是2・1％）。當日本消費稅來到10％時，出版界如果提出「出版物不課稅」，不知道結果會如何。出版（即使包含亞馬遜的銷售額）頂多是一兆六千億（二〇一六年為一兆四千七百億）的產業，我不認為會對稅收有多大的影響，我甚至想要替出版業申請加入「即將滅絕？文化遺產」。

在二〇〇〇年底亞馬遜進入日本時，身為書店店員的我本能地感受到威脅（其後它的威脅超乎我的想像）。但是另一方面，喜歡書本的我也認為，買書的選擇增加了，若不做書店店員也能利用亞馬遜買書吧。

一九九七年以後，出版品全體的銷售額持續下滑，我也曾想過，亞馬遜難道會變成救世主嗎？對於附近沒有書店，即使有也買不到想要書籍的讀者來說，只要用手點一點就能買到書，這完全可以預期出版品全體的銷售額會上升吧。

雖然現在是美國企業走在最前面，但日本很擅長仿效，如果這種便利讀者的銷售模式能在日本扎根，就算書店業受到打擊也沒關係。前提是整體出版業能朝正向成長。

但是，一邊是業績急速成長的美國商業綜合公司亞馬遜，另一邊則是以利潤低的出版品為主的日本網路書店，顯然後者的成長依然不足。最重要的是，出版品整體的銷售額不停下滑，就像是被窮追猛打一般。亞馬遜的銷售額佔整體出版品銷售額的10%[2]，如今應該已超過這個數字（因為分母每年都在萎縮，所以佔有率不斷提高）。不，根據書籍的不同，尤其是專業書籍，常常發生所有書店都不敵亞馬遜的情況（專業書出版社的業務都這樣說）。亞馬遜成長成日本第一的書店，而且勢不可擋，日本的出版品銷售額（二〇一三年為一兆六千八百二十三億日圓），和亞馬遜剛登陸日本的二〇〇〇年（二兆五千一百二十四億日圓）相較，幾乎跌到只剩67%（出版科學研究所）。書店數量也是以同步的速度在減少（二〇〇〇年到二〇一三年，從兩千一百四十五間縮為一千四百二十四間，只剩下66%）。

亞馬遜以拯救之神的姿態改變了「購書方式」，事實上是在扯出版品銷售

2 二〇一六年出版品總銷售額為一兆四千七百零九億日圓。日本的出版品總銷售額中，書籍及雜誌約佔各半，因此推定雜誌需求微乎其微的亞馬遜，其書籍銷售額就佔了20%。換言之，每五本書就有一本是從亞馬遜賣出的。

額的後腿吧？（亞馬遜，如果覺得我在找碴的話請提出反證）。

當然銷售額會不斷跌落，最大的原因仍是日本的產業、文化結構的變化，以及消費行為的改變。選擇「書」這種要費時閱讀的工具已經不夠聰明了，雖然我一直都相信，書本是娛樂也是用來累積知識的，但如今多數人認為書本只是資訊傳遞的手段之一。

不、不，即使如此，仍有很多日本人認為「書」是重要的，問題出在取得書的方法。

我頑固地認為，「有效率的購書方式」因為網路而改變，買書時的「故事」消失了，這如同一拳有效的痛擊。我甚至相信，書這種東西，從買書到閱讀時的狀況，都會影響人的記憶。

即使我像個傻子一樣大叫，但還是馬上就輸了。因為「現代」不需要這種「渺小的故事」，而且還不全是「快樂的故事」。

每天早上，當我將淳久堂網路訂單所要的書籍從書架上拿下來時，就會感覺自己作為書店店員的認同感正在耗損中。

「帶著大包小包覺得很酷的時代已經過去，現在不拿東西反而比較聰明。田口前輩，大家不想浪費時間買東西，所以到最後網路書店就流行了起來。」

小海這樣說。雖然我認為書本不一樣，但是果然，書本你也和它們同流合污了嗎？

剛才和小海聊天的過程中，曾經有稍微提到仙台，在這裡我想岔開來談一下仙台店，更準確來說是現在的仙台LOFT店，還有在那裡工作的佐藤純子的故事。

仙台車站周邊有三間淳久堂，再加上丸善共有四間，相當密集。這是二〇一一年東日本大地震的後遺症，先是連通仙台車站的LOFT店於四月重新開幕，遭受巨大災情的仙台本店（位於EBeans大樓）被認為無法修復，於同年七月搬到車站對面的ＴＲ大樓重新開幕。當我們覺得終於塵埃落定時，十一月EBeans大樓恢復營業。

仙台的團隊因此不斷把書搬來搬去，忙得翻天覆地。

最小的LOFT店為四百七十坪，大的本店則是一千兩百坪，所以這搬家的陣仗可不馬虎，而且因為三間店的作業時間不同，所有東西都無法任意移動，如果沒位置擺放就只能先退還經銷商。每間店受地震影響的程度不同，但最受波及的還是仙台的員工們，我想這屬於重度勞力活的搬家工作，更讓他們感到疲憊。但曾經歷過阪神地震的淳久堂員工們說：「因為每天都有必須要做的工作，身心才得以復原。」原來如此。

前年小海去高崎店幫忙重新裝潢，接著陸續協助了澀谷、吉祥寺、郡山分店的開幕工作，她為了統籌藝文書區，好幾次往來仙台。

「那陣子太混亂了，難以回想。」

她苦笑著說。地震前包括丸善在內只有三間店，現在變成四間，每間店的商品組成各有各的特色，都需要再做思考重新下單，還要配合搬家時程考慮書架擺設，頭腦已經是一片混亂。雖然如此小海還是清楚地記得佐藤的事。

「同樣都是負責藝文書，所以我從以前就知道佐藤。這次大搬家，大家都很認真也很拚命，但佐藤的節奏和其他人不同，是位很獨特的人。」

小海這樣說。在淳久堂，到處都是有點奇怪的員工，我喜歡這些「怪人」悠閒做事的自由氛圍。

二〇一二年六月，佐藤出版了漫畫《月刊佐藤純子》，描寫30歲女性（書店店員）的日常生活。咦，原來佐藤畫漫畫啊。我仔細詢問了一下，她好像有在池袋店附近的雜司之谷擺攤，那裡有賣雜貨和二手書的「道草市集」。

一個月後，《重生的書店》（稻泉連，小學館）於八月出版了。書腰上寫著三浦紫苑的話：「那時的書店，對人們來說像光一樣。」

佐藤純子接受了採訪。

她在開頭是這樣說的：

「書應該什麼用都沒有吧。在當時，我一直無法抹去這樣的想法。」

但是，她繼續說道：

「但憑藉著書的力量、語言的力量，再加上我們本身充滿活力，至少可以擦去誰的眼淚吧。當地震相關的書還沒進來時，那些極其平凡的書一本接著一本賣出去（中略）。我那時就想，我必須創造出一個能讓大家感覺到『書店日常』的書區，讓大家知道，和平常一樣的自己就在這裡，和平常一樣的書等在這裡，這就是書店。」

佐藤說的話可以理解成，人們來書店也許不只是為了買書、閱讀，而是單純想來這個放滿書的場所。不只是佐藤，在其他書店工作的許多店員也有相同的想法。

我想見佐藤一面。

我和佐藤純子見面是在二〇一三年的秋天，距離《重生的書店》發售已經超過一年，「書店的日常」應該已經恢復了吧。

「雖然現在都還會講地震帶來的經濟效益，但仙台的書店其實經營得很辛苦，附近有一堆書店，車站裡有六間，車站周圍有十間店。」

真是辛苦，仙台LOFT店（四百七十坪，以淳久堂來說是小型書店）是如何在這裡存活下來的呢？我們不談論整體書店的事，就只說藝文書區，條件再縮限，小說類變得如何呢？

「我們的店在LOFT（大型雜貨店）裡面，不同於其他淳久堂書店的品項，我們不會賣專業書籍，以商品來看就是非常一般的書店，有許多年輕客人，可能都是學生吧。我們的商品陳列方式是從女性的角度出發，所以這間店的強項是興趣．實用類書籍。也因為是LOFT，所以和生活有關的雜誌比較好賣。妳知道《murmur magazine》嗎？啊，池袋店也有賣，就是那個服部美玲的雜誌。是一個小雜誌，僅有幾間書店有賣，但那本雜誌感覺能傾聽內心的聲音，銷售量當然比不上一般的女性雜誌，不過我們的店會有一定數量的客人支持。」

「至於小說，最近我感覺會看小說的客人幾乎都是讀輕小說吧，當然也因為我們客群年輕。不過也有30歲的大人是輕小說的讀者，讀輕小說的孩子一路長大到了30歲呢。」

「輕小說」再度出現。田中香織也說過，認為輕小說是童書的時代老早就過了。

「輕小說的娛樂性高，和漫畫、動畫相近，能夠輕鬆閱讀。許多客人會抱著輕小說和漫畫一起買。最近不只是輕小說，許多小說的封面也變成漫畫風。還有書名就是文章，超級長。姑且不論內容，大家都想要藉輕小說的人氣一用，真不知道是怎麼回事。」

怎麼回事？其實就是商業化或順應潮流。在這樣的時代，若能因為封面或書名多少讓營收好看一點，這種程度的事情做起來應該毫無心理壓力吧。

「持續很久的文庫系列『夏之１００本』也慢慢輕小說化，逐漸沒有讀者願意和文字面對面，仔細閱讀了。」

這個意見非常嚴肅，不只是輕小說，這話可以套用到所有書籍吧，因為我們就是身處在這樣的現實中。

那麼佐藤，妳作為書店店員如何在賣場下工夫招攬客人呢？

「我會做出『入口』，以海外文學為例，我會在進入海外文學區的走道入口處堆滿愛德華・戈里的書，並展示封面。」

原來如此，果然如文字所言，就是「入口」。

愛德華・戈里是美國繪本作家及插畫家，出版了許多荒謬、具有殘酷寓意、不可思議的繪本，在日本由柴田元幸翻譯，擁有許多狂熱的粉絲。在書店裡，比起放在童書區，他的書更多會放在美國文學區，在池袋店則是放在海外幻想文學區。

「或者是把嚕嚕米的漫畫放到海外文學區，展示這類裝幀不錯的漫畫和繪本的封面，總之就是特意加入能吸引目光的書。」

「其後是對客人的服務，仙台有許多作家，其中伊坂幸太郎總是會給我們協助，每次他出版新書時就會來店裡簽書，所以我們也創造了伊坂先生的專屬書架。」

沒錯，伊坂先生也會來池袋店，並且一直有在仙台許多書店簽名，他說他會做到體力不行為止。

「地震時牆壁旁的書架像這樣倒下來——書本也是——是完全無法營業的狀態。」

我們聊到了地震的話題。

「那時我非常不安，不知道書店的工作能不能繼續，所以當我知道會重新開幕時，就決定要在能力範圍內，做我能做的事。」

「一個月後重新開店，我們員工沒有告知任何人，因為感覺那時並不是談論書的時候，一定不會有客人來，大家都是這樣想的。但是客人還是來了，而且很多，客人會問我們：『沒事吧？』感受到客人的關心，非常高興，原來書是必要的，書店是必要的。」

聊天來到尾聲。

「我想要創造出快樂的書店氛圍，將書店變成人們在街上散步的樂趣之一，讓人覺得書店或許有什麼有趣的東西，然後我平凡地賣著平凡的書，這就是現在我的『書店日常』。」

最後我詢問佐藤她喜歡的作家是誰。

「我喜歡閱讀海外文學，像是馬拉默德、布羅提根、沙林傑的書；日本作家的話，大概是崛江敏幸、岸本佐知子吧。」

我和佐藤純子的談話有些匆促，不過她也有在這場對談後出版的《善良書店店員》（木村俊介，二〇一三年）中出現，所以我就沒有再深入訪談她第二、三次，我認為我已經問到了重點。

其中的「重點」是，體驗過非常時期的人們傳達出一種生活之音，而且這個聲音淡淡地延續了「書店日常」，有時這股聲音會無法再隱藏，會突然膨脹，像是從許多書店店員的身體裡迸發出來。

長時間陪伴著日本人的「書」，以及能獲得書的「書店」，這種平常容易忘記的單純事實，由史上最大規模的地震再次教會我們。我帶著感傷的心情和佐藤純子道別。

書店正在逐漸消逝中，這使我更加傷感。

在這裡我再順便帶出一個主題，就是「地震」和「紙本書」。

淳久堂之所以會在東京展店，一九九五年的阪神地震是最大的因素，然後是佐藤說的東日本大地震。兩者的狀況都很類似，書店在重新開幕時客人蜂擁而至，甚至和我們說：「謝謝你們重新開幕。」與地震有關的書並沒有賣得特別好，賣得好的是極為普通的書，其他書店也是一樣，在報紙或電視上有許多報導稱這段故事為「佳話」。

扯開話題，前些日子我得到機會和美鈴書房的前任老闆（現在的董事顧問）持谷壽夫談話，我們聊了美鈴書房「持續七十年出版長銷書」的話題。

持谷說的話仍在我心中迴盪。

「在我們長銷書中，有些年業績突然攀升，那就是阪神大地震和東日本大地震的年分。」特別是《夜與霧》[3]（維克多．弗蘭克）、《關於活著的意義》[4]（神谷美惠子）。

「當人遇到巨大不幸時，會將注意力轉向書本。不只是事故或災害，罹患重病等等也是。我相信書本有這樣的任務存在。平常只會閱讀娛樂性刊物的人，也會想要認真讀『書』。這種時候，人們就會走向書店。不是利用電子書或亞馬遜這類的網路書店，而是走向『能碰觸書的場所』，所以書店不能從日

3《夜與霧》（一九八五年，和新版累計販售八十三萬五千本）

4《關於活著的意義》（一九六六年，累計販售五萬五千三百本）

本消失，我一直這樣相信，並會持續將出版社經營下去。」

大型災害或許會給人帶來什麼契機吧。雖然說起私事不太好意思，但在阪神大地震發生時，也就是一九九五年，我人在LIBRO的總公司，一個月後的某天，一起在總公司的同事中村文孝拿著一份業界刊物向我招手，上面刊載著工藤恭孝（當時淳久堂書店的老闆）拿手電筒巡視三宮店的樣子。

中村對我說：「我們去淳久堂吧。」我想那時的中村只是單純地感傷，但一九九七年的春天，我們人已經在淳久堂了。

回到小海裕美，或者是說，回到池袋店．小海的日常。我問小海，和二〇〇一年妳進入公司的時候相比，二〇一三年的今天，特別是文學類的書產生了什麼變化？這變化和不斷下降的營收之間有什麼關聯嗎？

「剛進公司的時候，我總是堅持書要一本一本上架，我一邊工作，一邊讓身體記得這種基本功夫。盡可能不要重點銷售一本書、不畫海報，也就是不去管暢銷書。我以常客為對象，專心排架。一直到今天，我沒有改變這個做法，但是書籍的壽命卻變短了。圖書被長時間置於書架上，無論多少錢，二、三年都沒辦法賣出去。當我想著，抱歉要退書了，出版社的庫存資料卻早已不見了，變成無法退回的書，這類的事情屢屢發生。有的時候絕版書是我們的賣點，但也正因為賣不出去，所以書才會絕版，不過這句話我怎樣也說不出口。一開始就完全不考慮再版的書，在這段時間裡大量增加。」

「我剛進入公司的時候，恰逢收銀台導入POS機（Point of sales），書店的銷售紀錄像會飛一般快速抵達出版社，我想這也有影響。出版社當然不想做沒用的書，所以書店的POS機能提供再版印刷量的數據參考。」

「最近的新人作家動向嗎？東浩紀雖然在文學圈沒沒無聞，但是在思想或其他領域十分有名，他最近寫了小說。還有佐佐木中，不，佐佐木是最近的小說家嗎？以《天地明察》（角川書店，二〇〇九年）爆紅的冲方丁，在輕小說界老早就很出名，作品簡單易懂，他也是一位SF作家，以《殼中少女》（早川書房）為人所知。還有以劇作家身分出名的本谷有希子吧。從其他領域跨足的作家正在增加中，出版社也能計算出讀者的數量，所以這類的書較容易出版。」

「妳是說『獎』嗎？嗯，很多喔。已經到了一天一獎的程度了。但是和銷售量沒什麼關聯，無論什麼獎都比不過芥川、直木獎。不過比起芥川、直木，最近得到書店大獎的書會更賣，可能是因為NHK會幫忙播報頒獎典禮，讀者也會抱持著『因為是書店店員推薦的，所以不會錯吧』的心態來買書。如果由書店來推薦，那麼不就是暢銷的書較容易得獎，這樣好嗎？雖然有點難以啟齒，但希望能改善這部分，畢竟對書店店員來說，書店大獎是很讓人開心的獎項。這滿諷刺的，一開始這獎項的主旨明明是『雖然是沒人知道的書，但是被書店店員發掘，進而推薦給讀者的書』，結果現在卻這麼紅，仔細想想，或許這獎項頒給書的雜誌社這類的小出版社比較好，如果是頒給大型出版社的話，就容易被覺得是因為對方有贊助，所以店員才推薦這本書吧。」

「有許多『獎』就表示有許多新人作家的書會被出版，我剛進淳久堂的時候，堆在新書區的作家名字我幾乎都聽過（小海在學生時代於區立圖書館打工過），但是隨著我年紀越大，不知道的作家越多，感覺很奇怪啊。」

「我看著新書區時總是會想，要一直寫書真的是很辛苦的事啊。如果太年輕就出道的話，不就有可能無法繼續寫下去了嗎？我會不小心這樣替他們擔心，可能是多管閒事，但許多作家一旦出道，就會辭掉工作，我想要跟他們說，不要辭比較好。將作家這職業貫徹到底的大江健三郎、金井美惠子，才真的讓人尊敬，詩人谷川俊太郎也很厲害。」

「長銷書嗎？嗯，因為藝文書的長銷書都變成文庫本了，所以要講長銷書的話，就是指變成文庫本也會賣的書吧。大概是司馬遼太郎、村上春樹。單行本的有效期限很短暫，因為新書很多，所以每本書的販售期其實不到一個月，能一整年都熱賣的小說很稀少。即使是村上，今年出的《沒有色彩的多崎作和他的巡禮之年》也是半年銷售量就大幅下滑，雖然並不是說完全賣不出去。」

「藝文領域最大的特色就是背後有文庫本支撐，但是最近新書一出來就是文庫本的狀況慢慢在增加中，像是佐伯泰英、高田郁、三上延等作家的書，出版情況逐漸轉變，其他領域的文庫本也在增加，如文庫本化的商業書、專業書籍、實用書籍，情況還會持續變化下去吧。」

「對我來說，所謂的長銷書就是收錄在教科書上的作品。這種書感覺就是會被推薦要重讀一次，像是《小岳的故事》、《雪蟲》，或者是重松清、谷川俊太郎，果然教科書收錄什麼作品是很重要的呢，因為會跟著人一輩子。」

「總之，最近覺得有變化的是作家們對推廣變得熱心。作家一出新書會先發推特，似乎等不及出版社宣傳。作家們也熱衷於逛書店，雖然我們是東京的大書店，但是我剛進公司時完全沒想到，平均一週會遇到一至兩位作家。有些作家會在簽完書後和我們一起拍照，然後馬上發推特。不拍照也會發『現在正在淳久堂簽書』的動態。推特的影響真的很大，因為讀者馬上就會有回應。也可能是因為這樣，前陣子舊書店的尋寶獵人們會以簽名本為目標來來回回在書店巡視，雖然感覺最近有減少的趨勢，但如今是否已經成為業餘凌駕專業的時代？說到業餘，作家們會相當在意亞馬遜的書評，除了亞馬遜，也有許多讀者會在部落格寫書評，一直到不久之前都還有意想不到的影響力。突然會有新人作家的新書開始大賣，還想說是為什麼，原來是推特上大家口耳相傳，或在部落格看到推薦之類的。作家和讀者的距離縮短了，無論是不是賣座的作家都一樣，也有的讀者相信自己和喜歡的作家是朋友。或許像村上春樹那樣，和讀者保持距離的作家是瀕臨絕種的生物吧。」

小海裕美的訪談以「果然是村上春樹啊」作結。

佐藤純子也好，小海裕美也好，都是因為偶然的緣分出現在「這個場所」中。這個場所因為大地震而動搖，在公司變動期間也動盪不已，但是我想這兩人能持續工作下去的最大原動力，就是對於自己選擇在「賣書的場所」工作感到自豪。希望在寫書、做書、流通書、賣書的這一連串流程中，這種「自豪」

可以像接力賽般一直延續下去。

文庫版增補　小海裕美於二〇一四年二月生下女兒，二〇一六年回到藝文書的工作崗位。佐藤純子在四月離職。

再增補　二〇一五、一六年，連續兩年間，芥川獎的得獎作品都是暢銷書冠軍，分別是《火花》（又吉直樹）和《便利店人間》（村田沙也香），貼近年輕人心聲的優質作品得獎，我們書店店員也乘勢銷售，兩位作家的角色與經歷更讓業績扶搖直上。希望年輕人「也」能讀一讀非單純娛樂的文學作品，至於「單純」與「非單純」的作品是哪裡不一樣，希望年輕人能用自己的手和眼睛分辨（將手和目合起來，就是看護的「看」）。

顧客至上？

我見到了睽違許久的永井祥一，我已有大半年沒見到他。每年為了參拜已故的田中達治（筑摩書店前營業部長），大家都會在十一月下旬前往銚子，據說掃墓團是在田中走的隔年，二〇〇八年，由六、七人發起組成的，目前大家都還健在，沒有人追隨田中達治而去。大家都曾是大型知名出版社營業部門的主管，只是他們都紛紛從新潮社或文藝春秋退休了，所以達治過世時，同樣還在職場工作的，只有永井和像我這種後來才參加的人。

身為書店店員的我會暗自想著，掃墓團之所以能長期維持下去，除了達治做人成功，也是因為九〇年代正是大家想集合眾人力量，改善傳統出版流通的時期。那時他們正值壯年，擁有理想，也擁有權力，這些中間管理階層們打造出一個超越出版社的團體，使出渾身解術致力於「改善出版流通」，他們努力的痕跡就殘留於「能在網頁確認各個出版社的庫存狀況並下訂單的系統」中，核心人物就是田中達治，但他太年輕就過世了，壯志未酬，至今都還能聽到為他的死哀悼的聲音。

「但是，小達在最好的時候過世。」畢竟，如今陷在出版流通泥沼中動彈不得的有志之士大有人在，說實話，我也是如此——

出版業是很小的業界，直到數年前為止，出版業和Uniqlo公司一年的銷售總額幾乎相同，但是二〇一六年，出版業一年間的銷售額（一兆四千七百零九億日圓）（出版科學研究所）和迅銷公司七個月的業績（一兆四千七百七十九億日圓）相同，而且Uniqlo從製造到販賣都是同一家公司（關係企業），利潤根本就無法比較。

亞馬遜公司的營收，更能讓我們感到沉重的壓迫感。前幾天我看到貼在冰箱上的小小新聞剪報，雖然我不記得是什麼時候貼的了，但上面寫著「亞馬遜在日本國內二〇一六年的銷售額和去年相比增加三成，約為一兆二千億」。其中出版品所佔的比例不明（我在一個個人網頁上看到的數字大約為10％），但二〇一七年，亞馬遜的整體銷售額確實超過了日本出版品整體的銷售額。

雖然亞馬遜出版品實際銷售額不明（亞馬遜完全保持沉默），但若以前面說的來推算，再考量到亞馬遜的出版品營收幾乎來自書籍（扣除單價低的雜誌及客群多為低年齡層的漫畫），可以推論出日本出版品的總銷售額中，亞馬遜佔約20％。

首先，我們要將日本的人口正在減少，讀書人口當然也在減少的前提記在腦海中。

達治他們的動作太慢了。以一九九六年為界，出版品的銷售額持續下降，幾乎在同時，ＩＴ化的浪潮席捲而來，二〇〇〇年底，亞馬遜登陸日本，購書方式產生變化，就算大家有理想，卻也什麼都辦不到了。換句話說，我們自己也不知道什麼樣的流通系統才是最好的了。如今甚至有出版社認為，有了亞馬遜就不需要書店。即便沒有這麼極端，出版社的真心話是：「我們在亞馬遜的銷售額佔比非常高（很大一部分的出版社超過20％，小型出版社的比例更是特別高），所以就這樣繼續做生意吧。」再加上，據說許多作家會對責任編輯施加壓力：「不要讓我的書在亞馬遜的網站上斷貨。」經銷商也創造出一套專門應對亞馬遜的模式，將亞馬遜當作主要的窗口書店。不只是經銷商或出版社，甚至連作者都拋棄了書店，我們只能一片茫然，無法採取行動。

原本出版業能成立，就是因為有「再販制（出版社能指定販售價格的制度，一九五三年施行）」為流通基礎，無論在哪裡買書都是相同價格，出版業是和削價競爭一詞無緣的業界，也因為沒有競爭，所以純利極低。如今美國企業以ＩＴ為武器闖入這個「語言＝日語」的市場，在美國佔領日本七十年後就萬事太平了？不會吧。

出版品的總銷售額在這二十年間不斷下滑，現在跌至全盛時期（一九九六年）的一半左右。二〇〇〇年底，亞馬遜登陸日本時，出版社和經銷商沒有出來舉行大規模的反對運動，大概是因為他們判斷亞馬遜會拯救下滑的營收，

「購買管道的增加＝營收增加」，壓根沒想到總銷售額仍然持續下滑。他們預測書店會關門大吉這點倒是很準。

亞馬遜的策略其實很單純，它的優勢在於即使不用特意出門，消費者也能買到書，就算是小型書店沒有的暢銷書或專業書籍，只要點一下，輕輕鬆鬆就能買到，而且隨處都可以積點（也就是折扣），加上當日宅配（現在是會員限定）和免運費（這也是另一種形態的打折）的強力支援下，亞馬遜爬到日本第一書店之位。

地方書店或首都圈的中小規模書店相繼倒閉，日本書店數量最多是九〇年代中期（二萬三千間），如今只剩一半（一萬二千間）。我在店裡也常聽到客人說：「最近書店慢慢不見了。」這類的抱怨源源不絕。幾年前，我能從客人的聲調中察覺到「是你們的問題喔」的語氣，最近卻變成「拜託你了，請加油吧」，尤其年長男性客人的心聲更是如此。

如今，出版流通業的變動更為劇烈，這是因為「經銷商」的存在產生了動搖，經銷商和再販制是書籍流通的兩大支柱。

僅是因為亞馬遜這艘黑船的攻勢才導致如此？我想會變成這樣，不光是產業結構ＩＴ化的原因吧。我認為日本這塊原本應該肥沃的土壤，現在有哪裡正在漏水，站上這塊土地的亞馬遜才能在短時間內席捲日本書店界。

我這次就是想詢問這些，所以再度拜訪永井祥一。

永井祥一從講談社轉職到ＪＰＯ（日本出版基礎建設中心・二〇〇二年成立）社團法人，為董事會成員，並於七月退休，如今是顧問。ＪＰＯ是集合出版社、經銷商、書店三種業態而成立的團體，但從組織架構來看，它是由出版界最大的出版社小學館（集英社）及講談社主導，目標為「保護出版流通不至於崩壞」。但是幾乎沒有書店店員知道這個組織，就算知道也只將它理解為「確保出版社利益的團體」，和書店無關。

那麼其他出版社對這個團體的評價為何？這部分也有點微妙。ＪＰＯ已經成立十五年以上了，所以我想沒有出版社不知道，但事實又是如何呢？日本出版流通的大概流程是：出版社→經銷商→書店三階段，本來「流通是經銷商的工作」，但如今光靠經銷商解決不了問題，出版社也要出面未來才有一線生機，因為出版社在上游。我不知道領導出版界的兩大公司是不是因此才加入JPO，不過出版流通已到了「如此」危急存亡之秋。

我重讀了本書於二〇一四年出版的單行本，最後一章標題是〈電子書能走到什麼地步呢〉（內容是專訪永井祥一），但要做成文庫本的話，我認為這章一定得重寫。因為這三年間，網路書店（亞馬遜佔了極大一部分）和電子書的存在感與日遽增，其中電子書與亞馬遜有極深關聯。

在本書的單行本中，永井曾呼籲過，全體出版界應該要吸取東日本大地震中書籍損失的慘痛教訓，利用政府補助的圖書數位化援助金（通過援助金法案的是民主黨政權！雖然安倍政權關心幼稚園和大學，但感覺不關心書本，不可能是安倍政權），著手製作電子書。這段話不就是象徵了當時的電子書狀況嗎。

永井說，雖然面臨許多問題，要做創新事物也必然會招致批判，不過大體上，目前出版界越來越理解如何「製作．流通電子書」，對那些沒即時參與到的出版社來說，製作電子書的門檻也會降低。他想說的是，電子書市場老早就是「亞馬遜＝Kindle」所獨佔，如果出版界不積極面對的話，事情就會更嚴重[1]，雖然以他的立場無法明說，但是我們的談話裡充滿了這種氛圍。永井也無法隱藏自己強烈的想法，他相信，如果無視數位化時代，出版社將再也無法

1　二〇一七年八月十六日，《每日新聞》刊載了〈亞馬遜最便宜契約被撤回〉的新聞。似乎是至今為止，在電子書這部分，出版社和亞馬遜簽了「在亞馬遜（Kindle）賣最便宜」的契約，但因為有違反商業競爭法的疑慮，出版社才急忙要亞馬遜撤回合約。問出版社業務：「為何會簽這樣的契約？」得到的答覆是，不簽約的話圖書就無法在亞馬遜上販售，所以他們是強制般地簽了契約，因為有這種契約存在，電子書市場幾乎被亞馬遜壟斷。業務還似乎感到後悔地補充說：「電子書就是削價競爭。」但對亞馬遜來說，簽這契約是「為了消費者」，這就是亞馬遜的一貫作風。

立足（他也說：這種話題，很難對身為書店店員的妳啟齒）。

我和永井在一間設有划船場的餐廳見面，這間餐廳位於飯田橋車站旁，皇居的外護城河附近。明明是六月初旬卻很熱，風力十分強勁，和我一起來的田中香織笑著說：「這種日子還有情侶來划船呢。」水面上反射著眩目陽光，有好幾艘小船浮在水面上。

「風強才能顯示出男生有力氣啊。」永井大叔也笑了起來。

但是仔細看，會發現有的情侶是女生在划船，男生則在對面拍照。

在漫畫區工作的田中，是同事間最關心出版流通的人，而且電子漫畫書的銷售額遠遠超過其他領域（佔電子書全體的76．5％）（出版科學研究所），我以「當談到我不懂的事情時，請幫幫我」為由，說服她一起出席，畢竟我對漫畫十分不了解。

永井一開口就說，問題出在雜誌。

「雜誌銷售額大幅下滑（這二十年跌48％，書籍則剩69％），因為獲得資訊的方法產生變化，網路讓資訊流動變快。相反地，以出版市場來說，讀者若要獲得更為精確的資訊，他們會看新書，而不是雜誌。」

永井邊壓住餐巾不讓它被風吹走，邊這樣說。我也一面按著餐巾，一面接受了他的說法。雜誌會沒落是因為網路的普及，大家都會想先從網路獲得資訊。至於新書，沒錯，例如那本《日本會議研究》（菅野完，扶桑社），雖然在發售前，《朝日新聞》做了好幾集的「日本會議特輯」，但在這本書發售之後才造成社會話題，期間這本書還一度因停止發行引發熱議。後來也有類似的書，但是那本書造成的衝擊最為巨大。不過現在我們先把談話內容集中在「雜誌」。

「而且，出版統計的雜誌項目中，漫畫包含了相當大一部分。」田中這樣說，突然話題就轉到漫畫。

（各位手邊有漫畫的話，請看封底左下角，如果有印「雜誌」字樣以及雜誌編號，那就是被當作雜誌的漫畫。在雜誌上連載的漫畫如果出版成冊，在出版統計上會被當作雜誌[2]）。

「在出版的漫畫中有多少被當作雜誌啊？」我問田中，但田中也不清楚，大概一半以上吧？

「我想這部分的數量還滿穩定的，但是最近被當作書籍的漫畫卻增加了，KADOKAWA（角川書店最近都用這個表記）十分積極地推廣這部分——」

因為接下來就進入了業界的私人話題，先就此打住。

「漫畫數位化對雜誌銷售量產生巨大的影響——」田中拿出手機，給我們看漫畫做成電子書的比例。

「沒錯，還有電子漫畫書（現在漫畫幾乎都是紙本和電子書同步發售）的銷售額以後應該不會包括紙本漫畫了，大概是在今年底，最晚明年會實施。」

講談社出身的永井說。我暗自想著，積極地將圖書數位化的講談社、小學館、集英社，也許已經把電子書從紙本書中抽離了吧。

後來根據我的調查，出版科學研究所發表了一項「紙本市場＋數位出版」的統計，「紙本．一萬四千七百零九＋數位．一千九百零九」（單位億，二〇一六年），如同前述，電子書出版品中有76．5％是漫畫。

「而且，電子書有折扣。」

沒錯，電子書出版品沒有再販制約束，折扣是家常便飯。田中更這樣說：

「免費的電子漫畫不斷出現，數量是要付費的數倍，甚至更多。受歡迎的作品會重新出道成付費作品，在漫畫世界裡這種事情是理所當然的。」

有了電子書後，讀者數量並非就會因此急速增加，這些流到讀者手中的免

2 根據二〇一五年日販（和東販相抗衡的兩大經銷商）「各類別銷售額組成表」，漫畫和雜誌被分開計算，雜誌和漫畫的銷售額比為三比二，兩者加起來佔出版品銷售額的55％，但是根據報紙等媒體、出版科學研究所（含東販）的統計，擁有雜誌編號的書籍全部都被看作是「雜誌」，這裡以出版科學研究所的統計為主。

費電子書，幾乎不需要專業的員工，也不需要紙本及印刷的製作經費，造成整體漫畫市場低迷（而且漫畫整體的「品質」也會下降吧？）田中在意的是質量，我則在意市場的部分，因為如果市場健全，品質應該也會得到保證才是（天真！田中會這樣說吧）。

永井將話題拉回漫畫市場。

「我剛進入講談社（一九七三年）時，一開始的工作是漫畫宣傳。這就是新人員工的工作。其後不超過十年，漫畫變成最賺錢的項目，現在做出暢銷漫畫的員工會被說是優秀員工，新人員工也變得希望能進漫畫部門，甚至可以說，日本的大型知名出版社都是因為做漫畫而壯大起來的。」

沒錯，我聽說日本就連首相、副首相都喜歡漫畫。不，或許是他們孩提的時候吧，畢竟首相太常被訂正說詞了。首相還在里約奧運閉幕式上洋洋得意地扮演「瑪利歐」，此舉被譽為日本次文化名副其實的頂點！他們的素養是怎麼一回事呢？這兩人都可說是上流社會出生，可能是爬到頂點後就不需要素養了吧（在日本近代，貧窮孩子們要靠著讀「書」才能翻身，我到現在還相信這種故事）。

如同前面所說，出版運輸網散佈在全日本，若出版業的銷售額不斷滑落，那麼最重要的運費也籌措不出來，甚至司機、卡車都會發生短缺。出版界或經銷商的大老們不斷東奔西跑「必須做點什麼、必須做點什麼」，卻束手無策。小學館和講談社在此時出場成立JPO，至今十五年，美國企業亞馬遜依然阻擋在前。這間書店的構想和其他人完全不同，而且在短時間內就成為日本營收第一的海外企業。

我推測從美國引進日本的亞馬遜「佔有現在日本圖書（因為不包含雜誌，所以是整體的一半）銷售額的20到25%，甚至幾乎完全獨佔電子書市場（抱歉全都是推測，因為綜合企業亞馬遜從不發表自家公司的營收）」。小學館、講談社兩間公司加起來也佔不到20%，雖然兩邊有製造商還是販售商的不同。

對亞馬遜來說，日本文化無關緊要，只要有美味的市場就足夠了，沒錯吧，永井？

「嗯，怎麼回答都很困難。亞馬遜是顧客至上，但和一般的『顧客至上』不同，即使營收虧損，他們也要給消費者回饋，最後反而賺錢，這是亞馬遜的思維。美國公司一般來說是股東至上，但是比起股東，亞馬遜更考慮消費者，這甚至成為他們的一種信仰。」

「所謂的利益回饋，就是消費者基本上不用去書店也能買到書，還能買到比別人便宜（有會員積點，也幾乎免運）、迅速到貨的書（符合條件的話甚至可以當日宅配）？這就是所謂的顧客至上。」

我一邊說，一邊覺得我在說什麼悲哀的事情啊。我們書店只要客人不來就開不起來，當店裡沒有客人想要的書時，我們也無法將下訂的書便宜且快速地送到他們手上，因為出版業有再販制約束，也有掌管流通運輸的經銷商，這兩個因素使得日本的出版體制安定，雖說然安定，卻不能將書便宜賣給客人。實體書店的弱點就是，「客人下訂（特別是訂店裡沒有庫存的書）」後到取貨需要時間，亞馬遜瞄準了這個弱點，得到日本讀者壓倒性的支持，成為日本第一的書店，它極致發揮了下訂功能，「客人下訂書店＝美國的網路企業」。

之前也提過，因為再販制，出版業得以安定，所以即使利潤微薄，出版社、經銷商、書店還是能持續經營下去，也因為物流穩定，印量少的書得以長期銷售。日本的流通型態不像美國那樣高利潤、高定價，也無法像亞馬遜那樣強大的企業一樣，可以用打折或快速到貨等手段擴大規模。

雖然是二十年以前的事情了，一位美國女性友人對我說：「在美國，我們都會先在書店確認價格，然後回家在亞馬遜下訂，這是極為普通的事情，亞馬遜買大約是八折。」那時我事不關己地聽著，如今我卻時常在書店看到一邊確認著書本價格，一邊用手機購買的客人。可能是我的錯覺，但我覺得其中女性的比例比較高，而且還是年輕女性。

前幾天我在書店聽到一個女生大聲地說：「我總是會在這裡看，然後回家上亞馬遜買。」她一定是想要對別的客人說：「我是聰明的消費者。」日本的書店變成讓亞馬遜賺錢的展示場！

「沒錯，亞馬遜頂著巨大壓力，只為了便宜和快速到貨。」

和永井第二次見面時，我和他說，我希望能寫「亞馬遜」的事情。上次、上上次，他都是用含糊不清的措辭說道：「再怎麼說，亞馬遜都只是貿易商之一而已……」結果六月二十九日，數份一般報紙用大篇幅的報導寫著「亞馬遜擴大規模，和出版社直接對口，動搖了出版流通」（《每日新聞》），亞馬遜問題浮出檯面，所以永井也因此鬆口吧。

這個問題帶給出版界巨大的危機感。

亞馬遜之所以能輕而易舉地進入日本市場，除了前述的背景外，也是因為有人天真地認為，日本是再販制市場，亞馬遜無法打它擅長的折扣戰，即使實施免運，利潤也很低，只不過是增加一間不同形態的大型書店而已。可是，亞馬遜從圖書以外的商品（這部分佔大多數，推測約為90％）所獲得的利潤，卻足夠補足免運和會員積點折扣的虧損，這是門外漢想想就能明白的事情。因為亞馬遜是一間綜合商業集團，而且不用繳稅。

亞馬遜從消費者方接到書籍訂單後，首先會查詢自家倉庫，有庫存的話當天或隔天就能出貨，如果沒有，亞馬遜就向經銷商下訂（主要是日販），經銷商若有貨則後天就可以出貨。經銷商也沒庫存的話，則由日販向出版社下訂。出版社是先將書出貨給日販，所以即使是亞馬遜也無法用特別快的速度出貨，等到消費者拿到書時，最少要花上一個禮拜（與我們合作的是東販，書在它們倉庫滯留超過一週也是家常便飯，換句話說，書店客人必須要有覺悟「客人下訂＝下訂書店沒有的書」，所以等拿到手都要花上十天到兩週[3]）。不過，經銷商會最優先出貨給亞馬遜。

3 東販和日販各設有一個能快速出貨給客人的系統（Bookliner、QuickBook），如果是它們倉庫裡有書，隔天或後天就能出貨，只是需要手續費。

根據六月二十九日的新聞，亞馬遜希望能直接和出版社拿到經銷商沒有庫存的書（取消經銷商），透過和出版社直接交涉，亞馬遜可以拿到「經銷的佣金」，還能更快速出貨。事實上直到今天，亞馬遜都還在向各個出版社提議雙方直接對口，而且有許多出版社答應了。為何這次是向所有的出版社提議呢？

雖然只是我個人的推測，但因為去年的修訂法，從今年開始，亞馬遜從日本顧客得到的消費稅，都必須繳交給日本政府[4]，報紙已報導過，亞馬遜和宅配業者大和之間有金錢和運送速度上的糾紛（看了這次的報導也會明白，能按照約定把書送到消費者手邊，是因為「大和很厲害」，而不是「亞馬遜很厲害」），我想這次的提議，是亞馬遜想要回本的最後手段，但這僅是我的猜想。不，亞馬遜似乎更深謀遠慮，也有業界消息靈通的人士這樣說。

不管有什麼內情，只要能更容易買到書、更快速寄到家，消費者用點數折扣買到書，到底有什麼問題？只是因為你們做不到像亞馬遜企業那樣努力。消費者可以在亞馬遜同時訂購其他商品（其他網路書店則無法），而且亞馬遜的網站很好用（經常在書店被客人說你們家的網站honto好難用，真是丟臉）。會有許多讀者認為，亞馬遜企業努力的結果，就是做到真正的顧客至上，真的是十分厲害。至於經銷商的規模縮水，一直堅持下去的書店破產，這是「輸掉通路戰爭的結果，輸給外資企業的零售商多如牛毛，沒辦法的事」。

「簡要來說，我認為這是信賴關係。」永井說。

信賴，真是讓人懷念的詞。

「幾乎所有的出版社都認為亞馬遜的條件一定會越來越嚴格。亞馬遜表

---

4 亞馬遜未繳消費稅（和法人稅）的問題如前章所述。在政府的消費稅報告書上，曾表示這是「未來的檢討事項」，二〇一三年修訂法案通過後（以前的就當沒看見）亞馬遜今後都必須繳納稅金，「以亞馬遜為首的海外企業也都要公平課稅」。曾經當過事務局局長的永井說：「終於走到這一步了。」

示，出版社不能調漲目前給經銷商的批發價，不答應的出版社會被從首頁拿掉（出版社理解為威脅）。所以出版社會答應，畢竟亞馬遜與經銷商同時沒庫存的書沒那麼多。但是條件會越來越嚴苛吧，最後的交涉條件會變成出版社要以原價賣出書籍，甚至負擔寄到亞馬遜的運費等等，出版界的利潤會被壓到最低。」再怎麼微薄，有利潤的話倒還好，只怕是——

很多拜訪書店的出版業務都說過類似的事，恐怕總有一天會出現出版社吞不下去的條件（更恐怖的是，總有一天亞馬遜會通知出版社，所有的書籍都不透過經銷商了），他們直接說出對亞馬遜的不信任（更準確地說是恐懼），從目前為止發生過的事看起來，這是完全能夠預想得到的。總之和亞馬遜之間沒有「商量」，只有「被告知」。

「那這樣的話，書籍只能漲價了吧？」

我簡單地回答。

「顧客選擇快速送達、免運、用點數折抵，但事實上這不是白吃的午餐，總是要在哪裡付出代價。」

「但如果只是書賣不出去就因此漲價，這樣不行啊。」

六月中，這樣子的對話（因為亞馬遜回應的期限是在六月底）在店裡多到數不清，和永井訪談的過程中，這類的對話也一直在我腦海裡打轉。

「嗯，但是不只是這樣。」永井一反常態地用認真的表情說道。

「因為便宜和快速，所以消費者選擇亞馬遜（也能購買其他商品）；因為想要在亞馬遜賣東西，所以出版社吞下亞馬遜的條件，這些都是自己要承擔責任（出現了，自己承擔責任，這是日本政府的招牌用語，現在則是「推測」！）但是，如果我是一位亞馬遜的員工，對我來說，只要有很多客人來這買書就好了，這樣會造成什麼情形呢？一些有歷史的知識類出版社（永井舉出了二、三間出版社，這裡就不寫出來了）最近不是傳出破產危機嗎？此時淳久堂若想和這些出版社同舟共濟，會做些什麼呢？」

「會想辦法幫助他們吧，例如舉辦書展什麼的，總之拚命努力。」

「沒錯，越是像這種有歷史的知識類出版社，越不可能重現，如果出版社瀕臨倒閉，我們就會想辦法幫忙，就算是小型書店也是如此。但對身處在日本最大書店的亞馬遜員工來說，這只是業界磋商的結果，並不會產生任何其他想法。不，如果是我的話，我反而會想把出版社買下來，就能以更便宜的價格賣給客人了。」

沒錯，永井讓「信賴」這個詞融入了日本出版社與書店之間，我們的連結是「維繫日本文化並反映社會是出版界的驕傲」，對亞馬遜來說「沒有」這個。若不是在「日本文化及社會」中好好做書與賣書的話是不行的，我也百分之百這樣認為。

「什麼是日本人？」面對這個問題，作家水村美苗答道：「（可以追溯好幾代）使用日語的人。」而我們就是從事與日語有關的工作。

「是說，和亞馬遜締結直接經銷契約的出版社，會怎麼訂定和再販制有關的契約呢？」

我對再販制的「固定價格販售契約」十分在意，光亞馬遜就已經是業內的話題了，現在又要談論更細節的問題，對讀者真抱歉。

像我寫過好幾次的，書是出版社↓經銷商，雙方訂定固定價格販售契約；經銷商↓書店，合約敲定最後的銷售定價。出版社若沒有和亞馬遜簽訂新約，亞馬遜將「公司與經銷商都沒有庫存，直接從出版社進貨的書」隨意降價的話，出版社也無可奈何。無法信任亞馬遜的我認為，它可能會「冒充直接進貨的經銷商」進行減價行為，畢竟這和亞馬遜想要更便宜的目標是一致的。

「不知道呢，出版社如果有冷靜思考的話便會記得簽約，但是這次亞馬遜提出的簽約要求中，沒有包含『固定價格販售契約』這部分，契約中某些條文似乎也能解釋為亞馬遜會遵守定價販售，不過要理解亞馬遜的法律用語十分困難。」永井也露出不清楚的表情。

如果沒有締結「固定價格販售契約」，那麼我推測，亞馬遜的目標是「為了顧客，所有的書都將不透過經銷商，賣得比其他書店更便宜」，如果這樣的話，支撐日本戰後出版界的流通體制就會走向崩壞一途吧。

現在正是分歧點，用「方便和折扣」獨佔市場的聰明亞馬遜先生，律師團經常在一旁待命的亞馬遜先生，社長是美國富豪的亞馬遜先生，你的真實目的到底是什麼呢？

曾經有一次，我在書店被介紹給某位大型童書出版社的編輯，她對我說：「之前臨時需要某本書，在我平常買的亞馬遜無法及時到貨，打電話詢問你們淳久堂發現有書，經常發生這樣的事情，淳久堂真的好厲害。」

她似乎是想要誇獎我們，卻讓我再度認清一個事實，在所有的業界中，亞馬遜使用率最高的就是出版業。連業界都支持亞馬遜（以出版社為首，包含和亞馬遜商業往來最高的經銷商，甚至到作者）真是一點辦法也沒有，如今即使哭訴也沒有用了。

《每日新聞》曾報導過，美國亞馬遜發表了要雇用五萬名新進員工的計劃，這是呼應川普總統的「美國優先政策」吧。在美國，亞馬遜因提供政治獻金給川普，拒買運動正在擴大中，然而川普卻在他的推特上表示「亞馬遜帶給同樣是納稅者的零售業者巨大的傷害」（也是《每日新聞》），大概是雖然提供政治獻金，但沒有積極繳稅吧？看到這裡，我笑了出來。亞馬遜，如果我是「找碴」的話，請拿出公開的數字反駁我，我也會公開道歉的。

「能像德國一樣，有在傍晚前下訂，隔天書就能送到書店的系統就好了。」永井說。

他加以說明，德國擁有世界頂級水平的高速公路（原則上免費）環繞全國境內，因此就算幅員廣闊，依然能在隔日將書配送至書店，書店也就不用維持多餘的庫存，在書店幾乎看不見成堆的書本。經銷商也一樣，因為書籍在倉庫的時間短暫，所以相較日本，通常是一棟非常小的建築物。我覺得這樣真好，要說好在什麼地方，就是全體出版界共同思考出讓書店生存下去的方法，或許這是因為業界全體對「書」的自豪吧。法國也是，開書店會獲得公共補助金，德、法政府都對亞馬遜採取對策，積極地想用稅金和運費制度排除亞馬遜。

住在德國的作家多和田葉子的《百年的散步》中，有一幕是她為了拿在網路訂的書，所以走去附近的小書店。在日本也有這樣的系統，消費者可以連到經銷商的網站，如果有庫存的話，就可以請經銷商寄去附近的書店，消費者再去取貨（東販的業務說通常後天就會到貨）。但是東販的網站只會顯示和東販合作的書店，日販也是，書店還要另外給經銷商書籍定價的3%＋20日圓。順帶一提，我聽永井說，經銷商↓書店的進貨價格平均為定價的78%（正確的數字不明，但大約是這樣），而且幾乎都可以退貨。從東大的老師那裡獲知，在德國，出版社↓書店的進貨價格是定價的60%，如果有經銷商的話是65%（大致無誤），但是不可以退貨，而且書的價格是日本的兩倍以上。

若沒將日本和德法的「書本文化」差異記在腦中，就無法順利理解這兩邊書的差異，不過唯有一件事情是確定的：「日本書店店員的薪水是最便宜的。」

不只是亞馬遜進入了狹小的出版業領域，日本政府也不像德、法政府那樣，會領頭「保護本國出版文化」（明明日本擁有源氏物語，是具有歷史的故事大國），連國人都仰賴美國。甚至還有人覺得，這也是沒辦法的事，總比仰賴中國來的好吧（明明日本文化的根在中國）。前途實在過於灰暗。更何況，我從一開始就知道無法勝利，因為對手是「幾乎所有日本人都站在他們那邊的美國ＩＴ企業」，明明知道，卻忍不住寫下來，真是悲傷。我們還是回到雜誌的話題吧。

「雜誌的銷售量一直下滑，而且還沒到谷底。」

雖然永井將話題拉回雜誌，但這也不是什麼愉快的話題。

「雜誌支撐了日本的出版運輸網。」

這是只要對出版業有點了解就會知道的常識。我總是教導年輕員工說：

「《廣辭苑》是跟著《週刊少年ＪＵＭＰ》被配送到各地方的書店，絕對不是相反過來。」

紙本《週刊少年ＪＵＭＰ》的銷售額正在下滑中。不只是漫畫雜誌，週刊、月刊，無論哪種類型的雜誌都一樣。作為曾經最暢銷的情報雜誌《ＰＩＡ》也在六年前休刊。除了《ＰＩＡ》，業界不斷傳出雜誌休刊的消息。因為不敵網路的快速，所以資訊傳遞類的雜誌銷量暴跌。讀者捨棄了資訊類雜誌或給大人看的漫畫雜誌，轉而看數位版，然而紙本與電子書是同時發售，紙本書的價格以銷售量來訂定，電子書卻像贈品一樣。

這裡田中插話道：

「雜誌也有讀到飽的服務。」（一個月繳五百日圓，有五百本以上的雜誌可以看！）

沒錯，聽說這在上班族之間廣受好評，現階段電子雜誌對出版社來說如同贈品，會免費配送給讀者。許多和出版業相關人士也會買這個來讀，「紙本」從內部開始一點一滴地崩解中。

「嚴重的不只是乘載情報的媒介問題，還有運送的手段呢。」

永井的表情越來越認真。出版品不斷數位化的原因，不在於紙本或電子書的問題，而是其他無可奈何的因素，他開始說道：

「不少書是東京的特產。」

沒錯。三分之二以上的出版品是在首都圈裡製作的。印刷業者和書籍業者都集中在這裡，而且銷售市場也集中在首都圈。

「大部分的產物是在地方製作，然後送到消費地——東京；那輛卡車回去時則運送東京特產出版品，因為是回程所以會算得比較便宜，雜誌幾乎每天發售，而且數量規律。」

這樣啊，雜誌、漫畫的市場在這二十年來剩不到一半，也就是說，運送的貨物變成不到一半，但是即使這樣，卡車一台的運送費用也無法減半。市場萎縮後，對運輸業者來說十分困擾，聽說今年春天主要的卡車業者就提出「想退出」的請求。這一天總是會到來，畢竟出版業績就不斷下滑，雖不至於一切歸零，但應該會毫無底線地下跌。如今的出版結構讓人頭痛不已，如果雜誌、漫畫都數位化了，那麼書籍要如何送到書店呢？雖然不想去想這個，但果然還是要靠亞馬遜嗎？

「現在電子書以電子漫畫書為大宗，但總會輪到雜誌，這是無法抵擋的趨勢，而且還有便利商店。」

啊，出現便利商店了。很久以前就有消息指出，對便利商店來說，雜誌肩負著除了業績以外的效果，一間店一旦在入口處放雜誌架，就會讓人感覺生意不錯，因為路過的人可以從外面看見站在店裡看雜誌的客人，所以便利商店曾是爭奪暢銷雜誌的市場。但從聊天的脈絡來看，現在已經不是那樣的時代了。

「超商之前是爭相投入開發便當，現在則是拚命開發自有品牌。」

「自家研發的，利潤似乎特別好。」田中舉出了全家和7-Eleven的某些例子，但對在便利商店只利用宅配服務、買《EL GOLAZO》雜誌，還有繳費的我來說，實在搞不清楚。

「妳看，最近雜誌已經不放門口了吧，因為便利商店不把心力放在販售雜誌上了，但這並不是因為雜誌銷售額嚴重下滑。便利商店現在不是一直在展店嗎，特別是在大都市裡，明明店的營收下滑，販售點卻增加。便利商店雜誌的配送和其他商品不同，是經銷商在經營（所以被便利商店排除在外？），經銷商委託的卡車司機必須耗費更多時間和精力，便利商店的送貨時間又是深夜，因此很難確保有司機願意運送雜誌。另外，店主也不會將心力擺在利潤低的雜誌類，上架的品項不全，客人就會離雜誌越遠。」

「但鄉下的小書店越倒越多間，新開的便利商店就可以吃下這一塊。」

「對。」田中說，「我家離車站很遠，附近一間書店都沒有，所以我總是在超商買雜誌。對年幼的我來說，超商就是書店，從學校回家時總是手裡捏著錢，跑去超商買《Ribon》，這已經是二十年以前的往事了。」

我暫時從永井的話題岔開。NHK有一部特輯是〈轉型重生的便利商店〉。首先超商變寬廣了，雖然喝咖啡的區域還是很小，但是入口附近被漂亮的零食類佔據，「這一定是收入好的商品，那麼雜誌類呢？」僅剩三分之二左右，而且被趕下「王者寶座」，被收在「深處的位置」。主播說，一間超商的雜誌營收是十年前的六成，現在全國有五萬五千間超商（書店數量是一萬二千間左右），幾乎所有的日用品都能在超商買到。

日本實體書店的營收仍以7-Eleven為首，但書籍對於超商而言利潤很低，對運輸業者來說又很花時間和心力，於是漸漸變成「不受歡迎的商品」。如果雜誌和漫畫繼續數位化，超商不是書店的日子終究會來臨，紙本雜誌就會離讀者越來越遠。

永井繼續說：

「書店正在沒落中（雖然很囉唆，但還是要強調這二十年間幾乎倒到只剩一半，和雜誌的銷售量幾乎是兩條平行線），所以店和店的距離會越來越遠，運輸公司要想辦法找出最有效率的路線，還要煩惱油錢。」

「我一直在想，經銷商也不要再分什麼東販、日販了，能不能讓運輸的路線統一呢？」

永井的回答很簡單。

「已經近七十年（從戰後不久開始）都是競爭關係。最近確實開始慢慢有合作，但還是很少。」

競爭？也就是說關係不好？明明已經到了危急存亡之秋，明明願意運送的業者一直在減少，明明一味地被亞馬遜追著跑（這是我胡亂猜測的，我祈禱這不要變成現實）。如果經銷商之後無法照顧到中小型的書店怎麼辦呢？比起亞馬遜，小型書店付給經銷商更高的佣金，捉襟見肘卻還是努力工作。從微薄的利潤中支付高額佣金的小型書店業者，以及在電腦前只支付一點佣金的超級有錢人，哪一邊比較重要？我幾近遷怒地這般想著。

至今為止覺得自己是出版流通龍頭的自負到哪裡去了？為了重要事物犧牲其他的時代一定會到來，我們一定很快就會面臨抉擇，因為運輸網是出版業的生命線。

接著漫畫之後，雜誌也漸漸數位化，雜誌、漫畫銷量佔一半以上營收的小型書店窮途末路，一定要找到能仰賴書籍也能活下去的道路。

其中一個解答是最近很流行的「選書書店」，但是地點的選擇（不在大城市難以成功）和經營品味不可或缺，能夠成功的店主，多半在別的業界也能成功，只是他們勇於選擇書店嘗試。這和目前的書店經營不同，是自己「挑選」書本，陳列「優秀書籍」。至今為止的書店難道沒有「自己選書」嗎？針對這個問題，我只能這樣回答：沒錯，書店很大一部分是「經銷商撐起來的書店」（很大一部分，並不是全部）。

我認為整個業界必須創造出支援書店的系統。例如德國隔日配送的運輸系統、法國書店有開店補助金等等，或是消費稅比其他商品便宜，自治團體挺身而出也是必要的。

說到自治團體，日本的市町村有五分之一沒有書店，沒有書店也有當地的政府大樓吧，如果在那裡的一角不知道能不能開間書店呢，我幻想著。圖書館也可以，但要有一定的空間不然開不成，雖說書店的話其實十坪也ＯＫ。

我也常在思考童年時接觸書本的重要性，公家單位可能對開書店沒有信心，所以必須和出版界合作，主要賣童書或學習參考書。有許多童書或參考書的出版社經營多年，十分擅長配合店址選擇商品，而退休的父母親則當義工輪流顧店，因為沒有漫畫或雜誌，所以工作沒那麼困難，書店也會為了那些和孩子一起來的父母親，稍微擺些文庫本或實用書籍。店裡不放新書或流行書，但是可以在特約店請店主線上下訂，出版社若有庫存的話，就必須優先出貨，貨到後再由店主聯繫取貨。

書店業正在走近死胡同中，能夠找出逃離的道路嗎？

「別忘了最重要的事，對雜誌來說最嚴重的問題就是廣告費減少。」

永井的表情似乎越來越陰沉？不，雖然話題越來越沉重，但是他的眼睛好像在笑。我看向他視線的前方，護城河中只有「划船二人組」，就是那對女生划船、男生在拍照的組合。如此說來，有一本文庫本叫《三人同舟》，似乎是丸谷才一翻譯的，那本書很有趣啊，我開始思考起一些無關緊要的事。

「明明風這麼強，他們卻已待超過兩個小時了，真的是很努力啊。」田中也盯著他們看。

「不是因為沒辦法靠岸嗎？被風吹著跑。」永井說。

「不知道呢，這麼小的護城河，也有很多觀光客。」

「而且如果真的很困擾的話，會打電話吧。」田中說。

沒錯，比起那個，出版界這邊的情況比較嚴重。

「雜誌的利潤來自於廣告，只要稍微有接觸業界的人都知道這是常識。」

沒錯，是常識，《生活手帖》會如此蔚為話題，其中一個要素也是因為它不刊登廣告。

「現在廣告主都在網路下廣告，不會花錢去雜誌刊登廣告。」

下在網路上的話，無論在哪個頁面都可以刊登讓人看到厭煩的廣告。這些是從電視、報紙、雜誌搬過來「曾經的贊助者」們。

「我剛進入公司時，超大型的雜誌出版社為了拒絕刊登廣告的申請，總是讓廣告部門的員工們極為頭痛，這是現在無法想像的事。」真是榮枯盛衰。

嗯，雜誌急速數位化，廣告收入不斷減少，為了要有利潤，只能在銷售收入的範圍內製作雜誌，這樣的話，算算人力、物力的經費和流通費用，僅能做出便宜的電子雜誌？但是對那些因為先有紙本，才認為電子版有價值的讀者來說，他們會願意付錢嗎？這個領域的專業就是發佈資訊，但在這免費資訊流竄的時代裡，有多少消費者願意付錢買單呢？

「如今是個捨棄物品的時代，所以很容易就會往數位化的方向前進吧？」

田中說。即使我們從廣告的方向來探討雜誌，話題還是朝數位化前進，最後停在斷捨離的議題。

確實，現在是覺得「斷捨離」很酷的時代，比起其他書籍，更多雜誌是讀了就丟。

雖然不需要「物品」，但是「資訊」要比別人快，如果可以的話希望免費，如今變成是這種時代了，而且變成為了「免費」花錢也沒關係的時代。像是使用手機的費用，每個月可以買多少本書啊！我陷入沒用的自問自答中。

不管怎樣，雜誌正處於黑暗之中不斷嘗試錯誤，書店則是被大家拋下了。

大家一邊聊天，一邊緩慢地吃著午餐，在喝餐後咖啡時，永井接了通電話，其實現在是他的上班時間。

「沒問題的，因為這也是在工作，不過我必須回去了。」

我朝著永井的視線看過去，「划船二人組」已經被用繩索繫在另一艘船上，拉回停船場。太好了，沒有在大家的注視下翻船。但大概是覺得丟臉吧，穿白洋裝的女孩馬上就跑掉了。

我和永井的訪談，從漫畫、雜誌、數位化聊到亞馬遜，最後以流通的問題作結。

雖然也有人認為，不如我們就學習德國或法國的出版流通型態，積極著手解決亞馬遜問題。但是日本出版的歷史與文化和他們有本質上的不同，而且德、法看不起美國文化吧？比起他們，日本難道不是美國萬歲？至少全國上上下下，許多人都對七十年以上的日美關係抱持正面評價。

我沒有仔細調查過，但是對德、法來說，出版品是書籍，是知識、文化、學問的傳達手段，是知識階級的東西。也就是說，商品價格高是理所當然的。另外，在法國，消費稅通常是19.6%，書籍是5.5%，（報章雜誌是2.1%）；德國一般來說通常是19%，食品等生活必需品、書籍、文具是7%。在這兩國，報章雜誌不屬於出版產業，流通也完全是不同的途徑。這和「出版興盛」

的日本不同，日本的書籍會混在「大眾之友」雜誌、漫畫的運輸網中，而且在日本，很常見到出版社同時出版雜誌和書籍。

日本「書籍的歷史」源遠流長超過千年以上。江戶時代，平民之子能在私塾學習，也有大人會在工作閒暇時閱讀通俗繪本或當代小說；在鄉村會有富裕的慈善家教授學問，大家的身旁總是會有「書籍」，《百人一首》是大眾日常之物。到了明治、大正，書籍的讀者群擴大，學問也成為娛樂和情報的朋友，書籍和雜誌一直都在日本各個階層的周圍。

昭和時代，歷經美國佔領，讀者群更廣泛了。因為再販制，無論在哪裡買書都是相同價格，書籍會混在雜誌、漫畫所搭的卡車中送往各地。若是書店沒有的書，只要「下訂、等待，在哪裡都能用相同的價格」買到。

然後來到平成，只要在家裡點一下，書隔天（後天）就會送到，利用紅利點數還能更便宜。日本的書籍閱讀人口中，幾乎有五分之一都利用這個系統。亞馬遜瞄準了既存流通體制的弱點，導入新系統，創造出對自己有利的條件，電子漫畫書便是在這五年間急速推進，成長到和紙本書同樣大的市場。如果雜誌也走向相同的道路，出版流通會產生什麼樣的變化呢？

在書籍這塊市場，長年負責理工書的矢寺範子表示，在經常要更新資訊的領域和醫學書領域，讀者拋棄了「書」這種緩慢的媒介，主要的情報來源改為網路發送的期刊。出版社相繼倒閉，大型書店中曾經繁榮的「理工書區」不斷萎縮。同樣的情況也波及到經濟、法律等重視新資訊的領域。大型書店越來越難經營，消費者會覺得，紙本書只要亞馬遜有就好了，未來變得讓人不安，亞馬遜（Kindle）如今也幾乎獨佔了電子書市場。在這種紙本書和電子書的情況下，日本書店的未來會是什麼呢？

迫在眉睫的問題是，雜誌不斷被網路驅逐，漫畫因為數位化而銷售量減少，運輸網絡崩壞，小型書店相繼倒閉，重視資訊的專門書籍也被網路奪走寶座。如果小型書店想生存下去而改變以「書籍為中心」的經營策略會發生什麼事呢？大型書店若仰賴文具或雜貨的營收（也就是販售書以外的商品）又會怎樣呢？現在已經很多大型書店在嘗試了。

我詢問好幾位朋友說：「最近如果去書店下訂，無論是多小的書店，都能在三天內收到貨，你們知道嗎？」大家幾乎都會嚇一跳。「但是那個書店必須有和經銷商簽約，東販是Bookliner、日販是QuickBook，最近有許多書店都和他們簽約了。前提是經銷商有庫存的情況才是三天內送達，不過大概七成的書都有庫存吧，雖然我不知道正確數字。」

我的朋友們都很性急，又對自己找書的方式有信心，找不到想要的書時也不會和店員確認，所以大概不知道這個資訊吧，我一邊這樣想一邊詢問。

經銷商、書店，你們看，不知道的人還很多喔，一起來做點什麼吧。

而電商亞馬遜則自豪於自己的成功，「最大程度地利用網路，成功販賣紙本書這種類比訊號般的東西」（我們先將電子書擺在一旁），經銷商也好、書店也好，為了販售書籍，難道不能更努力利用網路嗎？

或許書店已經來到了即使努力也追趕不上亞馬遜的境地。

像前面說的，如果想讓紙本書成為貼近人們生活的「存在」，可以借助自治團體的力量，或是遊說政府將書籍的消費稅設定得比一般商品更低，為了維持目前的狀態，需要政府單位的理解。

還有類似圖書的報紙及電視節目，大家不能一起奮戰嗎？再怎麼說，大家都是贊助者被網路整盤端走的「受害者們」。

在現代，買東西的行為和生活方式重疊，當然賣東西也是，只不過是先有「賣東西」才有「買東西」。我讀到多和田葉子這位作家的「書」，裡面描寫到她會去沒看過的小書店買書（那是間童書書店），我對此感同身受，德國大多數的知識分子會這樣做，我想為他們喝采，這是文化品質的問題不是嗎？

我看不到出版現狀的出路。我是書店店員，從我的童年開始，書本就陪伴在我身邊，我是在這樣的世界中長大的，所以我希望鄉村也有書店。如果一個人從小到大都不知道紙本書，那麼人類的記憶又該留在哪裡呢？

我看不見未來，連猜測都做不到。

文庫版增補　河出書房新社出版了池澤夏樹編著的「世界」與「日本」《文學全集》，意外暢銷（系列累計突破四十五萬本！「日本・全三十卷」的小冊子上這樣寫道），雖然也是因為編者和譯者都是當代人氣作家的緣故。他們不畏挫折，最後一路出到《源氏物語》（角田光代譯），我想為他們拍手喝采。

這麼說來，大家都會覺得好久沒見到文學全集了，我想許多「愛書」的大人們，小時候都是埋首於家中笨重的文學全集裡吧。生長在這個斷捨離的時代，希望孩子們都能繼續閱讀，這不正是紙本書最大的使命嗎？

書店不屈宣言

我們不會氣餒

這本書是以訪談為中心寫成的，訪談的對象除了有我任職的淳久堂池袋本店員工以外，還有和淳久堂在二〇〇九年合併的丸善丸之內本店的員工，從一九七六年開始在LIBRO池袋本店任職約二十年的員工，甚至是和書店店員性質稍微不同的日本出版基礎建設中心（JPO）的董事（現為顧問）。或許我比較幸運，受訪者與我交情或深或淺，但我都知道他們各自的性情，較容易引導出真心話。我想只要讀過這本書，讀者們應該能理解，其實還有許多有名的書店和名店員，我也的確有誇大本書中默默無聞又素樸耿直的書店店員們的嫌疑，但他們確實在日本書店的最前線拚了命地工作，這都是無庸置疑的事實。在訪談結束的今天，對於「碰巧在那裡的他們」針對「書」和「書的未來」的深度思考，讓我引以為傲。我深信日本是被這些無名但優秀的小草們支撐起來的。

我想要再舉出一個他們的共通點。他們一心一意想要從事和書有關的工作，即使他們透過每天的工作，實際感受到這個他們期盼、選擇與被選擇的場所不是「應許之地」，但他們還是覺得「書店的工作很快樂」，並孜孜不倦地穩定工作下去。

他們是從什麼時候開始知道書店不是「應許之地」的呢？不，在問這個問題之前，對我們來說，「應許之地」是什麼東西呢？答案其實很單純，就是能讓自己工作時感到驕傲的場所。我從長期面試新進員工的經驗中得知，因為他們喜歡書，想用自己的手將書遞給同樣喜歡書的客人，所以他們來做這行，他們相信書店店員是這樣一份工作。

他們將書遞出去。在阪神大地震後，他們拚命合作讓三宮店開幕，趕來的客人對他們說：「謝謝。」新宿店關店時，客人惋惜地說：「一直以來謝謝了。」東日本大地震時也是一樣。他們為這些謝謝感到喜悅，一邊經歷這些事情，一邊繼續工作。對自己的工作感到驕傲是對客人最大的感謝方式，身為書店店員，自然而然就會有這樣的想法。明明不是自己創造的東西，明明只是進貨然後販售，卻會感到「自豪」！書這種東西到底有什麼不可思議的力量呢？

從什麼時候開始的呢？大概是亞馬遜登陸日本（二〇〇〇年十一月）開始的吧。越來越多讀者認為，買書不去書店也可以。

對我們來說的「應許之地」，對讀者來說「並不是」，我們漸漸了解到這件事情。在不知不覺間，一直到去年為止都會來的客人不再來了，去年的客人也比前年減少許多，這種現象會持續好幾年，不會停止。

日本的出版品適用於再販制，無論在哪裡購買都是相同的價格。以前如果決定要買什麼書，不用花電車錢也能買到，但如今越來越少住家旁邊有書店，上班、上學途中也沒有書店。住家附近或車站前的書店不斷倒閉中。

或許我們書店店員正在做的工作，老早就已經來到了轉捩點，但是我們是否通過了這個考驗？全憑讀者判斷。不，或許讀者們已經下判斷了，但討厭放棄的我仍然希望讓讀者們知道，我們每天在做什麼樣的工作，用什麼樣的想法堅持下去，我一邊這樣希望，一邊寫下了這本書。

然而，我的內心十分焦急，若只是單純寫出現狀，能改變什麼嗎？

前幾天，尾竹清香像是發生了什麼大事般，跑過來跟我說：

「田口前輩，請妳聽我說，兩位高中女生（似乎是）像這樣拿起詩集，一邊說著，我們用亞馬遜買吧，一邊拿出手機。」

啊，已經到了這程度啦。會想買詩集，大概是愛書人吧。或許已經來不及了，但是還是必須思考什麼對策才行。

文庫版增補　在寫單行本的時候，「上亞馬遜買」還不是那麼常見的光景，但在三年後的今天已是家常便飯了。

即使寫得好像很偉大，實際上我想到的點子都不太可能實現。我認為這些主意對於遏止出版流通惡化的現狀來說是有效的，但是對於不斷減少的書店來說卻——

什麼是不可能實現的主意呢？

就是我們必須在全日本創造出「超越亞馬遜的網路書店」。集合出版社、經銷商，以及書店的力量，在網站上創立超大型書店。東販、日販（還有小型經銷商如大阪屋，未免太過繁雜，這裡僅舉兩大經銷商）各自都有為消費者及書店業務開設兩種流通的網站，請統合這四個網站吧。消費者在網路下訂時，可以選擇要宅配還是去書店拿；此外，消費者當然也可以在書店下訂、拿貨，不過他們還可以選擇宅配服務。

在這個流程中，我們將各處的書店集合起來，書店則向合作的經銷商下訂。至於遇到消費者要宅配取貨時該怎麼辦？請大家思考。雖然我認為，如果是消費者下訂的情況，可以透過大阪屋執行，但是大阪屋和亞馬遜的關係很深——

問題在於個人宅配的運費。如同大家所知道的，亞馬遜幾乎都是免運費，各個經銷商要如何在現狀中，同時支付宅配運費還能平衡收支呢？身為門外漢的我目前想到的是，經銷商或許可以利用全國運輸網將貨寄到各地（各縣町村）的集貨中心，如此一來能稍微省下一點運費，不過如果是轉運的話可能就沒用了。

然後我們要在新成立的網站上加入「日本書籍出版協會（通稱書協，主要是出版書籍的出版社團體）」的公認標章（雖然有沒有都沒關係）。首頁一定要有「如果選擇在附近書店領貨的客人可以獲得紅利點數」的字樣。請一定要有紅利點數，這超級重要。

如果只是做到這程度還無法超越亞馬遜，因為我們沒有賣書以外的商品、沒有賣二手書的網頁，也無法像亞馬遜那樣撒錢做點數折扣，運費應該也無法減免。

亞馬遜的弱點是「人」，它是專門為「只會在電腦前操作的人」而創立的。我們要創造「有人情味」的網路書店，首先我們不能把這平台當作單純的電商網站，要用編雜誌的專業設計，透過招募優秀的雜誌編輯應該能輕而易舉地做到，我們也會在網站上主打那份雜誌。

書店必須不遺餘力地協助網站製作，不光是在推特宣傳，還要更積極地參與。如果我們有一個巨大的網路書店，即使只是多了書店取貨的功能，也會大大地影響全國書店的營收吧。當然也會有質疑的聲音，這網站是為了什麼創立的？所以這網站必須對雙方都有好處，那要怎麼創造雙贏呢？

不能單純地把它視為「銷售網站」，我們難道不能做出讓讀者看見「日本出版・編輯力」的網站嗎？造訪這個網站的讀者注意到實體書店的好處，進而想說「這種書店就在附近，下次去看看吧」。不，讀者不會這麼天真，書店應該會繼續減少吧。

這意味著，為了抵抗近二十年賴著不走、發動巨大力量的異國怪獸，我們創造出哥吉拉也沒關係？這代價還是「書店會繼續減少」，前方一定是這種結果在等待著我們。老實說，「我不知道」。

最後，雖然我說了許多年，但賣給書店的價格不能再便宜一點嗎？因為經銷商也兼零售商，所以那浮動的利潤應該要回饋給書店才是。我們不提德國或法國，至少進貨價格不能是定價的70％嗎？如此一來應該能多少彌補雜誌或漫畫的減少，也能防止書店破產。

我思考的事情，只要是和出版業相關的人士應該都有想過，無法實現的理由應該如山那麼多吧。

因此，更現實一點的提案是，讓我們先從小地方開始。

雖然這個主意只能在大都市裡實現，不過首都圈內的書店團體開始希望擴大好多年前就存在的書店間網絡。也就是說，如果客人找的書，店裡沒有庫存時，就幫忙詢問附近的書店。這讓我想起LIBRO還在附近的時候，我經常往來兩間書店之間，不過現在已經沒有了。

以法國為例，法國政府（在野黨亦是）將書籍理解成「和其他商品不同的文化生產物」，他們意圖十分明確：不想將出版或書店交給一間巨型企業。即使日本消費稅制終於適用於「一間巨型企業」，日本政府的應對和法國政府相比，差別還是很明顯。雖然裡面有文化、對美政策的差異所以無可奈何，但是我十分羨慕法國。

即使日本政府緊黏著美國，地方自治團體仍存在柔軟的可能。我寫了好幾次，十分囉唆，但我真的想借用「公家」的力量，在沒有書店的自治團體裡設置書店，多小都沒關係，我殷切地盼望著。交涉過程需要相當的心力吧，經銷商和出版社有踏出第一步的覺悟嗎？

近幾年一間間小型但嶄新的書店開始營業，這些書店被稱作「選書書店」，他們的選書不依賴雜誌或漫畫，反而吸引了客人。每一本書都是店家自己審核再陳列店中，他們成功的案例或許能一點一滴地融入這業界陳舊既有的觀念中。想方設法為「如何和亞馬遜共生」奔走，是現在出版社、經銷商生存下去的戰略，但柔軟地回應這些以開創新書店為目標的新加入者，不也是一條細小但嶄新的道路嗎？

我身邊一起工作的年輕員工會說「從小就喜歡書」，正因為「書」就在身旁，才培養出讀書習慣。如果他們無法當書店店員了，也還是會成為買書的顧客吧。我們自己能創造出不是亞馬遜式的「顧客至上」，而是日本獨特的「顧客至上」嗎？讀者會對我們說「果然書還是想讀『紙本』」嗎？

後記

本書主要是以在淳久堂工作的員工們為主角，規模及營收都是第一流的大型連鎖書店為舞台。只是讀者應該能明白他們的領域分散，每個人都在不同的書區工作，本書中出現的書籍領域只是全部類別的一半而已，我承認我會試著舉出這些人，是因為他們就在我的身旁，採訪容易、便於行事，但也希望讀者能感受到日本書店支撐了出版文化的多元性。為了寫這本書，我嘗試調查了世界書店的概況，發現原來日本各領域的書都多得令人吃驚，我想這就是能讓人抬頭挺胸的「多元性」。如果這本書有好好地把現況傳達給讀者們知曉的話，沒有比這個更開心的事了，爽快地答應採訪的年輕友人們一定也會很高興。

能用與我們每天息息相關的「物品」來傳達我們的想法，這真的是一件很幸福的事情。我想將這份感激之情傳遞給在全國工作的書店店員們。

最後。

前幾天我搭電車，旁邊是一位看起來快40歲的男性正在讀書，最近已經很少看到有人在電車上讀著A5大小的厚重書本了。因為包著一層薄薄的白色書衣，所以封面看不太清楚，不過我稍微偷看了一下，內頁排版設計很厲害，如今還會有誰做書這麼仔細？我凝神看著透出書衣的書名，是《思考的人們 這十人激盪的思想》（入澤美時，雙葉社，絕版）。

我不由自主地想向他搭話。

「入澤美時在五年前去世了，是我非常重要的朋友。他說要出日本第一的書，然後就將所有心血都投入到這本書中。他採訪了網野善彥、森山大道、吉本隆明等人，沉迷地編著這本書。謝謝你讀它。」

許多想法滿溢心中使我無法言語。電車抵達月台，那位男性下車了。雖然無法攀談，但當時的念頭仍然殘存在心中。

「書」真是厲害的記憶裝置。

文庫版後記

淳久堂池袋本店在二〇一七年八月二十八日迎來開幕20週年。

戰後，日本的書店幾乎是每二十五年改變一次。從一九五三年施行再販制開始算起：第一期，在車站前或繁榮市街上，主要為個人經營的書店，小而精巧，販售教科書等，與當地密切連結；第二期是從七〇年代後半期開始，在幹道沿線、大型商城或車站大樓開始進駐連鎖書店、拓展商圈，同時大都市中出現大型書店（LIBRO為一九七五年，淳久堂為一九七六年），商圈更加擴大，書店經營從個人轉向企業。之後是第三期，九〇年代中期經歷泡沫經濟的破滅，出版市場不斷萎縮，二〇〇〇年底網路書店亞馬遜挾帶著電子書登陸日本，席捲日本書籍市場。第四期（二〇三〇年開始）會變成怎樣的市場呢，紙本書這種形式還會存在嗎？

池袋店於第三期的一九九七年（二〇〇一年擴大為兩倍）開幕，幾乎和亞馬遜同時期，這是一間利用長尾效應的實體書店，意思就是，淳久堂藉由收集那些較少見的書籍招攬顧客，並以這種戰略進入東京，這原來是一間發源於神戶的大型連鎖書店。從同時期又同樣利用長尾效應的觀點來看，或許淳久堂和亞馬遜是同父異母，在資本力上卻是「雲泥之別」。

開店的一九九七年，當出版市場完全冷卻的前夕，我們十分幸運，能在距離池袋車站步行幾分鐘的黃金地段，用書店付得起的房租租下一棟十層的新大樓。事實上，房東後藤文男在繼承家業之前，是某鐵道雜誌的編輯。我聽說他殷切地盼望在自家的大樓中開書店，如果可以的話，要開日本最大規模的書店，然後他遇到了在神戶遭受地震、也想在東京開日本最大間書店的淳久堂社長。如今在日本成長成第一流規模的淳久堂書店，也擁有一段「創業故事」。

於是，我們創立了淳久堂池袋本店。經過了二十年的歲月，現在也持續營業著。幾乎每天都有新書出版，週遭的社會不斷在改變，所以必須要改變書架的編排方式，與社會有更深的連結。我們一直在改變書架的陳列方式，書店的書架也總是未完成的樣子，我將這種「未完成的現場」寫成《書店不屈宣言》一書。如果讀者能理解我們正在創造的書店，以及包圍我們的書店狀況的話，我會相當高興。能配合前作《書店繁盛記》（二〇〇六年，現為Poplar文庫）一書一起閱讀的話，會更令人喜悅。

從開店開始約十年的《書店繁盛記》到第二十年出版文庫版的《書店不屈宣言》，日本書店周遭的環境變化反映著日本現代社會，如果讀者能這樣想，就能體會到「在這兩本書中接受採訪的他們」那充滿溫度的感受。真的很謝謝大家。

增補　六月一日到十一月底，我們舉辦了「與書有關的故事」長期活動，作為這二十年來的回顧指南，以及「接下來要如何經營書店」的思考契機。

如今的書店無論在哪裡都人手不足，即使如此，我們仍然設法安排籌劃活動，最初以三人籌備團隊為起點。我們在六樓，六坪大的活動空間中舉辦了「媒體書店」的書展，選了約四百本和書、出版、書店有關的書來展示；另一個活動是「書店店員用書描繪現代日本」，這是員工（約聘員工則自由參加）從自己負責的領域中挑選三本「能表現現今日本的書」，並把理由寫在海報上。「看吧，這個書架能表現出日本當代的精髓吧？」大家配合我這種故弄玄虛的做法。讓我炫耀一下，東大的教授似乎也有在推特上誇獎說「這是極致的書架」。但是這活動卻和銷售量沒什麼關係，能舉行與「書」有關的書展才是收穫甚豐。

五月時，結束育嬰假的三位媽媽員工回歸，進入籌備團隊。她們被我們以能快速適應工作說服而加入，但真正的工作還是在書店現場，籌備活動成為她們額外的負擔。到了七月，工作還是應付不來，因此再增加三名人員。全體員工中八位媽媽就有六位參加了籌備團隊。

八月一日到九月十五日，在九樓的活動空間中（期間舉辦「出版的二十年史」靜態展，以及池袋店的攝影展），我們每天該做的都做了，以座談會為中心，還舉辦了書店相親活動、讀書會、舊書攤、書店導覽（福岡伸一教授親自解說），小說寫作技巧教室、育嬰教室、將棋教室，連小貓丹丹也來了，此外還有七場出版論壇。活動最後以柴田元幸老師的座談、朗讀會作結。漫長的四十六天。幾乎所有員工至少都參與了一次營運企劃，我們也在漫畫書區展示了「我與池袋本店」的海報，這是由超過五百位漫畫家們親筆為我們畫的，真的很感謝老師們。為了留作紀念，我們將其中一些做成紀念書衣（石井良樹）、樓層地圖（齊藤加菜），還有書籤（千海博美）。

大型書店應該要達到的任務是什麼？我們持續思考了二十年。雖然這個企劃仍有美中不足的地方，但我深深感受到「行動」是最重要的。

感謝辦公室負責手冊、看板、邀請函的每一個人，謝謝參加選書和活動的眾多員工，尤其是籌備團隊的女性們，真心感謝。特別感謝兩位代表員工，一位是為了在假日前來書店，將5歲的孩子托給幼兒園的安齋千華子，還有在晚上11點寄信給大家的井手由美子，這九個月來真的辛苦了。我想起那些媽媽員工們，為了趕去幼稚園接小孩而奔波的背影，我不停祈禱當她們的孩子也成為父母時，這個場所依然存在，他們的孩子會要求說「拜託嘛，我們去書店」。

【Eureka文庫版】ME2096
書店不屈宣言
わたしたちはへこたれない

作　　者❖田口久美子
譯　　者❖顏雪雪
美術設計❖曾國展
內頁排版❖張彩梅
總 編 輯❖郭寶秀
責任編輯❖遲懷廷
行　　銷❖許芷瑀

發 行 人❖凃玉雲
出　　版❖馬可孛羅文化
104台北市中山區民生東路二段141號5樓
電話：02-25007696
發　　行❖英屬蓋曼群島商家庭傳媒股份有限公司城邦分公司
104台北市中山區民生東路二段141號11樓
客服服務專線：(886) 2-25007718；25007719
24小時傳真專線：(886) 2-25001990；25001991
服務時間：週一至週五9:00～12:00；13:00～17:00
劃撥帳號：19863813　戶名：書虫股份有限公司
讀者服務信箱：service@readingclub.com.tw
香港發行所❖城邦（香港）出版集團有限公司
香港灣仔駱克道193號東超商業中心1樓
電話：(852) 25086231　傳真：(852) 25789337
E-mail：hkcite@biznetvigator.com
馬新發行所❖城邦（馬新）出版集團 Cite (M) Sdn. Bhd.(458372U)
41, Jalan Radin Anum, Bandar Baru Seri Petaling,
57000 Kuala Lumpur, Malaysia
電話：(603) 90578822　傳真：(603) 90576622
E-mail：services@cite.com.my
輸出印刷❖中原造像股份有限公司
初版一刷❖2019年9月
定　　價❖360元

ISBN：978-957-8759-82-4
城邦讀書花園
www.cite.com.tw

國家圖書館出版品預行編目（CIP）資料

書店不屈宣言／田口久美子著；顏雪雪譯. -- 初版. -- 臺北市：馬可孛羅文化出版：家庭傳媒城邦分公司發行，2019.09
面；　公分--（Eureka文庫版；ME2096）
譯自：書店不屈宣言：わたしたちはへこたれない
ISBN 978-957-8759-82-4（平裝）
1.書業　2.出版業　3.日本
487.631　　108012297